MINIMALISMO ZEN:

LA VIA DELLA SEMPLICITA' E DELLA SERENITA'

IMPARARE L' ARTE DI VIVERE FELICE CON POCO
DAL CAOS ALLA CALMA.
UNA GUIDA ALLL'ORDINE MENTALE PER UNA VITA
APPAGANTE E UNA MAGGIORE PACE INTERIORE

SAKURA VERDI

INDICE

CAPITOLO 1

Introduzione al Minimalismo Zen

1.1 Definizione e origine del Minimalismo Zen

Il Minimalismo Zen, al crocevia tra antica saggezza orientale e pratiche contemporanee di semplificazione, emerge come una filosofia di vita rivoluzionaria che invita a riscoprire l'essenza del vivere attraverso la semplicità e la consapevolezza. Questo approccio, radicato nelle tradizioni Zen buddiste, pone l'accento sull'importanza di vivere con intenzionalità, eliminando il superfluo per fare spazio a ciò che veramente arricchisce lo spirito e la mente.

L'origine del Minimalismo Zen può essere tracciata indietro ai monasteri Zen del Giappone, dove monaci e praticanti vivevano in stanze spartane, decorate solo con gli elementi essenziali necessari per la meditazione e le attività quotidiane. Questa scelta non era dettata da necessità, ma da una profonda comprensione del fatto che l'accrescimento materiale non corrisponde a un incremento di felicità o serenità interiore. Al contrario, la semplicità e l'ordine fisico erano visti come il riflesso e il veicolo di una mente chiara e concentrata, capace di percepire e apprezzare la bellezza e la ricchezza dell'istante presente.

Nella pratica Zen, ogni oggetto, ogni azione, e ogni momento sono intrisi di significato. Non si tratta di rinunciare per il gusto di rinunciare, ma di scegliere consapevolmente ciò che si possiede e ciò che si fa, per assicurarsi che ogni aspetto della vita sia in armonia con i propri valori più profondi. Il Minimalismo Zen invita quindi a interrogarsi su cosa sia veramente essenziale nella propria vita, a distinguere tra desideri effimeri e bisogni autentici, e a trovare gioia e soddisfazione nella qualità, non nella quantità.

Questa filosofia si estende oltre la mera riduzione degli oggetti fisici, toccando tutte le sfere dell'esistenza. Dal modo in cui gestiamo le nostre relazioni, al tempo speso online, alla nostra dieta e al nostro ambiente abitativo, il Minimalismo Zen propone un modo di vivere più intenzionale e misurato, che pone al centro il benessere interiore e la pace della mente.

Adottare il Minimalismo Zen nella vita quotidiana non significa solo declutterare la propria casa o ridurre il proprio guardaroba, ma anche declutterare la mente dai pensieri superflui e dalle preoccupazioni inutili. Significa praticare la mindfulness, ossia la piena consapevolezza del momento presente, apprezzando la bellezza e la semplicità delle piccole cose, e coltivando gratitudine e contentezza per ciò che si ha, piuttosto che anelare costantemente a ciò che manca.

In un'epoca caratterizzata da un incessante bombardamento di stimoli, informazioni e opzioni, il Minimalismo Zen offre una bussola per ritrovare la propria direzione, riscoprendo la gioia dell'essenzialità e la ricchezza della semplicità. Attraverso la pratica di questa filosofia, si impara a valorizzare la qualità della vita rispetto alla quantità dei possedimenti, trovando così maggiore serenità e appagamento nel percorso verso un'esistenza più autentica e significativa.

1.2 Differenze e sinergie tra minimalismo e Zen

Nel capitolo precedente, abbiamo esplorato le radici e la filosofia del Minimalismo Zen, delineando come questa pratica intrecci semplicità materiale e chiarezza spirituale. Ora, approfondiamo le differenze e le sinergie tra il minimalismo come movimento moderno e la tradizione Zen, per comprendere come questi due concetti si fondono armoniosamente nel Minimalismo Zen, arricchendo l'arte di vivere felice con poco.

Il minimalismo, nel contesto contemporaneo, è spesso

interpretato come un movimento di design e stile di vita incentrato sulla riduzione degli oggetti fisici al fine di enfatizzare la funzionalità, l'estetica e la libertà personale. Questo approccio si basa sull'idea che meno cose si possiedono, maggiore sarà la concentrazione sulle esperienze, sui rapporti umani e sulle attività che veramente arricchiscono la nostra esistenza. Tuttavia, il minimalismo non si limita alla sola dimensione fisica; esso invita anche a una semplificazione interiore, spingendo a riflettere su ciò che è veramente importante nella vita.

D'altra parte, lo Zen, con le sue radici profondamente ancorate nella filosofia buddista, pone l'accento sull'illuminazione spirituale attraverso la meditazione, la consapevolezza e la piena accettazione del momento presente. Lo Zen insegna a guardare oltre l'illusione delle apparenze materiali, cercando invece la verità e la pace interiore attraverso la comprensione profonda della natura della mente e dell'esistenza.

Quando si fondono i principi del minimalismo e dello Zen, si dà vita a un potente ethos di vita che va oltre la mera riduzione fisica degli oggetti. Il Minimalismo Zen diventa un percorso che utilizza la semplicità esteriore come strumento per facilitare una maggiore chiarezza interiore e una connessione spirituale più profonda. Questa sinergia si manifesta nel modo in cui organizziamo i nostri spazi, scegliendo consapevolmente ciò che invitiamo nella nostra vita, sia in termini fisici che emotivi e spirituali.

La principale differenza tra i due concetti risiede nella loro origine e enfasi: il minimalismo moderno tende a concentrarsi sull'aspetto materiale e estetico della vita, mentre lo Zen si immerge nelle profondità dell'esperienza umana e spirituale. Tuttavia, la sinergia tra questi due approcci emerge quando il decluttering fisico del minimalismo diventa un atto meditativo, un'espressione esterna di una ricerca interiore di pace e semplicità.

In questo contesto, il Minimalismo Zen non è solo uno stile di vita o un'estetica; è una pratica intenzionale che allinea gli spazi esterni con lo stato interiore dell'individuo, promuovendo un'esistenza in cui ogni scelta, dall'arredamento di una stanza alle attività quotidiane, è un riflesso di un impegno più ampio verso la crescita personale e la consapevolezza.

Attraverso la pratica del Minimalismo Zen, impariamo che semplificare la nostra vita materiale è il primo passo verso la creazione di uno spazio per la riflessione interiore, la gratitudine e la presenza consapevole. Questo percorso ci insegna a valutare non solo ciò che teniamo nella nostra casa, ma anche ciò che custodiamo nel nostro cuore e nella nostra mente, promuovendo un'esistenza più intenzionale, appagante e in armonia con i principi dello Zen.

1.3 Perché il Minimalismo Zen è rilevante oggi

Nell'attuale era digitale e consumistica, la rilevanza del Minimalismo Zen risuona con una forza particolare, offrendo una bussola per navigare le complessità e le sovrabbondanze della vita moderna. In un mondo dove l'accumulo e la rapidità sembrano dominare, il Minimalismo Zen si presenta come un richiamo alla semplicità, alla riflessione e all'autenticità, proponendo una via alternativa all'eccesso e alla distrazione costante.

La società contemporanea ci sottopone a un flusso incessante di informazioni, scelte e stimoli. Dalla pubblicità che invade ogni spazio visivo alla pressione sociale di "avere di più" per essere felici, siamo costantemente bombardati da messaggi che alimentano desideri effimeri e insoddisfazioni. In questo contesto, il Minimalismo Zen emerge come un antidoto alla frenesia e al disordine, sia fisico che mentale, invitandoci a rallentare, a riflettere su ciò che veramente conta e a riconnetterci con noi stessi e con il mondo intorno a noi.

Il Minimalismo Zen, con il suo invito a eliminare l'inutile per concentrarsi sull'essenziale, non si limita solo a una pratica di decluttering degli spazi abitativi, ma si estende alla gestione del tempo, delle relazioni e delle attività quotidiane. Ci insegna a fare spazio non solo nelle nostre case, ma anche nelle nostre agende e nei nostri cuori, per ciò che realmente ci nutre e ci arricchisce.

La semplicità promossa dal Minimalismo Zen non è sinonimo di privazione, ma di chiarezza e qualità. In un'epoca caratterizzata dal multitasking e dalla costante connettività, questa filosofia ci aiuta a riscoprire il valore del fare una cosa per volta, dell'immergersi completamente in ogni esperienza e di coltivare la presenza mentale. Questo approccio non solo aumenta la nostra produttività e creatività ma migliora anche il nostro benessere emotivo e spirituale.

Inoltre, il Minimalismo Zen risponde alla crescente consapevolezza ambientale e alla necessità di adottare stili di vita più sostenibili. Riducendo il consumo e valorizzando ciò che è durevole e significativo, contribuiamo a ridurre l'impronta ecologica e a promuovere un futuro più sostenibile per il pianeta.

La pratica del Minimalismo Zen si rivela particolarmente efficace anche nella gestione dello stress e nell'incremento della resilienza. In un mondo dove l'ansia e la depressione sono in aumento, trovare rifugio nella semplicità e nella serenità dello Zen può offrire strumenti preziosi per affrontare le sfide quotidiane con maggiore equilibrio e pace interiore.

Infine, il Minimalismo Zen è un invito a riscoprire la bellezza e la gioia nelle piccole cose, a valorizzare le relazioni umane autentiche e a coltivare un senso di gratitudine per ciò che abbiamo. Questa filosofia non solo arricchisce la nostra vita personale ma ispira anche un senso di comunità e condivisione, promuovendo valori di empatia, sostegno reciproco e rispetto per la diversità e l'ambiente.

In sintesi, il Minimalismo Zen offre una bussola preziosa per orientarsi nella complessità del mondo moderno, invitandoci a semplificare per scoprire una vita più ricca di significato, armonia e felicità autentica.

1.4 Benefici del Minimalismo Zen sulla mente e sul corpo

Nel percorso tracciato finora, abbiamo esplorato le fondamenta e le implicazioni del Minimalismo Zen nella vita contemporanea, evidenziando come questa filosofia possa servire da faro in un mare di sovrabbondanza e distrazione. Ora, volgiamo l'attenzione ai benefici tangibili che il Minimalismo Zen apporta alla mente e al corpo, svelando come la semplicità e la consapevolezza possano trasformare il nostro benessere interiore ed esteriore.

Il Minimalismo Zen, con la sua enfasi sulla riduzione al minimo e sulla piena consapevolezza, offre un rifugio dall'incessante rumore del mondo esterno, permettendo alla mente di trovare pace e chiarezza. Questa quiete mentale non è soltanto un breve sollievo dalle preoccupazioni quotidiane, ma diventa una condizione sostenuta che migliora la nostra capacità di concentrazione, decisione e creatività. Liberando la mente dal sovraccarico di stimoli e informazioni non essenziali, possiamo sperimentare una maggiore lucidità di pensiero e una riduzione significativa dei livelli di stress e ansia.

Questa rinnovata chiarezza mentale ha un impatto diretto anche sul nostro benessere fisico. La ricerca ha dimostrato che lo stress cronico può avere effetti deleteri sulla salute, dall'incremento del rischio di malattie cardiache alla compromissione del sistema immunitario. Praticando il Minimalismo Zen e riducendo i fattori di stress nella nostra vita, possiamo migliorare la qualità del sonno, abbassare la pressione sanguigna e rafforzare la nostra resilienza fisica. Inoltre, la semplificazione delle nostre routine quotidiane e degli impegni ci permette di dedicare più tempo e energia alle attività che nutrono il corpo, come l'esercizio fisico, una sana alimentazione e il riposo.

Sul piano emotivo, il Minimalismo Zen incoraggia a coltivare relazioni più significative e a dedicarsi a passioni e interessi che veramente ci appassionano, contribuendo a un senso di appagamento e felicità duratura. Questo allontanamento dalla ricerca incessante di piaceri materiali e dalla gratificazione istantanea, tipici della cultura del consumo, permette di sviluppare una gratitudine più profonda per ciò che già possediamo, aumentando la nostra capacità di gioire delle piccole cose della vita.

La pratica costante della mindfulness e della meditazione, pilastri dello Zen, ha inoltre dimostrato di potenziare la neuroplasticità del cervello, la capacità di quest'ultimo di adattarsi e cambiare in risposta all'esperienza. Questo non solo favorisce un miglioramento delle funzioni cognitive, come la memoria e l'attenzione, ma può anche contribuire a modulare le reazioni emotive, rendendoci più resilienti di fronte alle avversità e più aperti alle esperienze positive.

Infine, il Minimalismo Zen ci insegna il valore dell'autocura, promuovendo un approccio olistico al benessere che comprende il rispetto per il nostro corpo, la cura del nostro spazio vitale e un'attenzione consapevole alle nostre esigenze interiori. Questo approccio integrato non solo migliora la nostra salute fisica e mentale, ma ci guida verso una maggiore armonia con noi stessi e con l'ambiente che ci circonda, nutrendo un senso di pace e serenità che si irradia in ogni aspetto della nostra vita.

Attraverso la lente del Minimalismo Zen, possiamo quindi riscoprire il potere trasformativo della semplicità, non solo come principio estetico o filosofico, ma come pratica quotidiana che arricchisce profondamente la nostra esistenza, promuovendo un benessere complessivo che abbraccia mente, corpo e spirito.

1.5 Storie di trasformazione attraverso il Minimalismo Zen

Dopo aver esplorato le fondamenta teoriche e i benefici pratici del Minimalismo Zen, è il momento di dare vita a questi concetti attraverso storie reali di trasformazione. Queste narrazioni non solo attestano la potenza del Minimalismo Zen, ma fungono anche da fonte di ispirazione e guida per chiunque desideri intraprendere questo percorso di semplificazione e riscoperta personale.

Una delle storie più emblematiche è quella di Luca, un manager di successo la cui vita, dominata dal lavoro e dal consumismo, lo aveva portato sull'orlo del burnout. Nonostante i successi professionali e un tenore di vita invidiabile, Luca si sentiva costantemente vuoto e insoddisfatto. La svolta arrivò durante un viaggio in Giappone, dove l'incontro con la cultura Zen e il minimalismo gli aprì gli occhi su un modo di vivere radicalmente diverso. Al ritorno, decise di applicare questi principi alla sua vita, iniziando con un rigoroso decluttering della sua casa e del suo ufficio. Ma non si fermò agli oggetti: ridusse anche gli impegni non essenziali, focalizzandosi su ciò che gli procurava vera gioia e soddisfazione. Questo processo non solo gli permise di riscoprire passioni dimenticate, come la pittura e la meditazione, ma migliorò anche le sue relazioni, rendendole più autentiche e profonde.

Un altro esempio è quello di Sofia, un'artista che, soffocata dal caos creativo del suo studio, sentiva di aver perso la connessione con la propria arte. Attraverso l'adozione di pratiche minimaliste e Zen, Sofia iniziò a semplificare il suo spazio di lavoro, eliminando tutto ciò che non era indispensabile per il suo processo creativo. Questo non solo le permise di riconnettersi con la sua arte in modo più profondo, ma trasformò anche il suo approccio alla creazione, che divenne più intenzionale e focalizzato, portando a opere più significative e apprezzate.

La storia di Marco, un insegnante di scuola media, evidenzia come il Minimalismo Zen possa trasformare non solo la vita personale, ma anche quella professionale. Sentendosi sopraffatto dalla mole di lavoro e dalla burocrazia scolastica, Marco iniziò a incorporare elementi di mindfulness e minimalismo nelle sue lezioni. Questo cambiamento non solo ridusse il suo stress, ma ebbe un impatto positivo anche sugli studenti, che divennero più partecipativi, calmi e concentrati.

Elena, invece, trovò nel Minimalismo Zen la chiave per superare un periodo di grande dolore personale. Dopo la perdita di un caro, si ritrovò sommersa da oggetti e ricordi che, anziché consolarla, aggravavano il suo senso di perdita. Decidendo di applicare i principi del decluttering non solo alla sua casa, ma anche ai suoi ricordi ed emozioni, Elena intraprese un viaggio di guarigione interiore che la portò a trovare una nuova pace e a riscoprire la bellezza della vita.

Queste storie, pur uniche nel loro svolgimento, condividono un tema comune: la trasformazione attraverso la semplicità. Il Minimalismo Zen non è presentato come una soluzione universale, ma come un percorso personale verso la consapevolezza, la pace interiore e un'esistenza più autentica e soddisfacente. Attraverso queste narrazioni, il lettore può vedere riflesse le proprie aspirazioni e sfide, trovando ispirazione e coraggio per intraprendere il proprio viaggio di trasformazione.

CAPITOLO 2

Decluttering Fisico come Pratica Zen

2.1 Principi Zen nel decluttering fisico

Nel percorso che abbiamo intrapreso insieme, abbiamo gettato le basi del Minimalismo Zen, esplorando la sua filosofia, i benefici e le trasformazioni che può innescare. Ora, ci immergiamo più profondamente in uno degli aspetti pratici fondamentali di questa filosofia: il decluttering fisico, visto attraverso la lente dei principi Zen.

Il decluttering fisico, nell'ambito del Minimalismo Zen, va oltre la semplice eliminazione degli oggetti in eccesso; è un atto meditativo e intenzionale che riflette la ricerca di equilibrio e armonia interna. Questo processo inizia con la consapevolezza, un principio cardine dello Zen, che ci invita a osservare i nostri spazi e gli oggetti che li occupano non solo con gli occhi, ma con tutto il nostro essere. Ogni oggetto nella nostra casa dovrebbe essere un riflesso delle nostre vere necessità e aspirazioni, portatore di serenità e non di ingombro.

Il primo passo nel decluttering Zen è quindi la valutazione: guardare ogni oggetto e chiedersi se esso suscita gioia, è utile o ha un significato profondo. Questo richiama il concetto di "Tokimeku", reso popolare da Marie Kondo, che suggerisce di tenere solo ciò che "scintilla di gioia". Tuttavia, nel Minimalismo Zen, questa valutazione va più in profondità, contemplando anche la tranquillità e la semplicità che l'oggetto porta nella nostra vita.

Un altro principio fondamentale è l'impermanenza, o "Mujo", che ci ricorda che tutto nella vita è in costante cambiamento. Questa consapevolezza ci aiuta a rilasciare gli attaccamenti agli oggetti, riconoscendo che il loro valore e la loro utilità possono trasformarsi nel tempo. Accettare l'impermanenza ci permette di lasciar andare più facilmente ciò che non ci serve più, facilitando un flusso costante di energia e spazio nella nostra abitazione.

La semplicità, o "Kanso", è un altro pilastro del decluttering Zen. Questo principio ci incoraggia a cercare la bellezza nella semplicità, eliminando il superfluo per rivelare la purezza e l'essenza delle cose. Nel contesto del nostro ambiente domestico, questo significa creare spazi che riflettano la calma e la chiarezza, liberi da distrazioni visive e dal caos.

L'armonia con la natura, o "Shizen", ci guida a incorporare elementi naturali e a rispettare i ritmi naturali nella nostra vita e nei nostri spazi. Questo può significare scegliere materiali naturali, valorizzare la luce naturale e integrare piante o acqua, creando un ambiente che rifletta l'equilibrio e la serenità del mondo naturale.

Infine, la mindfulness, o "Satori", è essenziale nel processo di decluttering. Ogni scelta, dal tenere un oggetto al disfarsene, dovrebbe essere fatta con piena consapevolezza e considerazione delle sue implicazioni per il nostro benessere e quello degli altri. Questo approccio attento assicura che il nostro decluttering non sia solo un atto fisico, ma anche uno spirituale, che allinea i nostri spazi esterni con i nostri stati interni.

Attraverso l'applicazione di questi principi Zen, il decluttering fisico diventa una pratica trasformativa, che non solo libera i nostri spazi da ciò che è superfluo, ma ci insegna anche a vivere con intenzionalità e armonia, riflettendo la serenità dello Zen nelle nostre vite quotidiane.

2.2 Guida passo passo al decluttering della tua casa

Dopo aver esplorato i principi Zen che informano il processo di decluttering, è il momento di applicare queste nozioni in modo pratico, attraverso una guida passo passo per trasformare la tua casa in un santuario di semplicità e serenità. Questo percorso non solo mira a ridurre il superfluo, ma anche a creare uno spazio che rispecchia i valori del Minimalismo Zen, promuovendo pace e chiarezza sia interna che esterna.

Preparazione e Intenzione

Inizia stabilendo un'intenzione chiara per il tuo processo di decluttering. Rifletti su ciò che vuoi ottenere: maggiore serenità, spazi più funzionali, o forse un rinnovato senso di energia e ispirazione. Questa intenzione guiderà le tue decisioni e ti aiuterà a rimanere focalizzato e motivato.

Inizia con la Gratitudine

Prima di rimuovere qualsiasi oggetto, prenditi un momento per esprimere gratitudine per la tua casa e per gli oggetti che hai accumulato. Questo passo, radicato nella mindfulness, ti aiuta a riconoscere il valore di ciò che hai e ad approcciare il processo di decluttering con rispetto e consapevolezza.

Categorizza, non Localizza

Contrariamente all'approccio tradizionale che suggerisce di declutterare stanza per stanza, considera di organizzare gli oggetti per categoria (vestiti, libri, oggetti decorativi, ecc.). Questo metodo, che rispecchia la strategia KonMari, ti permette di avere una visione completa di ciò che possiedi in ogni categoria, facilitando decisioni più consapevoli su cosa tenere e cosa lasciar andare.

Applica il Principio del "Scintillio di Gioia"

Per ogni oggetto, chiediti se esso suscita una scintilla di gioia o se è essenziale per il tuo benessere e funzionalità quotidiana. Se la risposta è negativa, considera di lasciarlo andare. Ricorda che il valore di un oggetto non risiede solo nella sua utilità, ma anche nel piacere estetico o emotivo che può portare nella tua vita.

Rilascia con Rispetto

Quando decidi di disfarti di un oggetto, fallo con rispetto e considerazione. Dona ciò che può essere ancora utilizzato, ricicla quando possibile e getta via solo ciò che è oltre il recupero. Questo approccio rispettoso riflette il principio Zen di interconnessione e responsabilità verso gli altri e l'ambiente.

Organizza e Armonizza

Una volta declutterato, dedica tempo a organizzare ciò che hai deciso di tenere in modo che ogni oggetto abbia un posto "giusto". Questo non solo rende lo spazio più funzionale, ma crea anche un senso di armonia e ordine che rispecchia l'estetica minimalista Zen.

Integra Spazi di Vuoto

Nel riorganizzare, lascia intenzionalmente spazi vuoti. Questi spazi non sono semplicemente assenze, ma piuttosto luoghi che permettono alla mente e allo sguardo di riposare, e che simboleggiano la disponibilità a nuove esperienze e idee.

Mantieni la Pratica

Il decluttering non è un atto una tantum, ma una pratica continua. Dedica regolarmente del tempo a rivedere i tuoi spazi e gli oggetti che contengono, assicurandoti che riflettano ancora le tue intenzioni e i principi del Minimalismo Zen.

Attraverso questi passaggi, il decluttering diventa più di una semplice pulizia; si trasforma in un atto meditativo e intenzionale che allinea i tuoi spazi esterni con i tuoi valori interni, promuovendo un senso di pace, chiarezza e armonia nella tua vita quotidiana.

2.3 Gli oggetti e il loro impatto energetico

Nel percorso verso una vita semplificata e arricchita dai principi del Minimalismo Zen, abbiamo esplorato come prepararsi al decluttering e come affrontarlo in maniera pratica e intenzionale. Ora ci addentriamo in un aspetto più sottile ma profondamente significativo del processo: la considerazione dell'energia che gli oggetti portano nei nostri spazi e come questa influenzi il nostro benessere.

Gli oggetti che ci circondano non sono semplici pezzi di materia; sono depositari di energie, ricordi ed emozioni. Ogni oggetto nella nostra casa racconta una storia, evoca un ricordo o rappresenta una parte di noi. Questa dimensione energetica degli oggetti è fondamentale nel Minimalismo Zen, poiché non si tratta solo di quanti oggetti possediamo, ma della qualità delle energie che essi introducono nella nostra vita.

Riconoscere l'Energia degli Oggetti

Il primo passo è imparare a riconoscere e a sentire l'energia che un oggetto emana. Questo può sembrare astratto, ma con pratica e attenzione, possiamo iniziare a percepire se un oggetto ci solleva o ci appesantisce. Gli oggetti che ci fanno sentire felici, ispirati e tranquilli hanno un'energia positiva che contribuisce al nostro benessere generale.

Storia e Sentimento

Gli oggetti che portiamo con noi nel corso della vita spesso hanno storie da raccontare. Possono essere regali da persone care, souvenir di viaggi, o anche acquisti fatti in momenti significativi. Mentre alcuni di questi oggetti possono essere fonti di gioia e conforto, altri possono ricordarci momenti difficili o persone con cui non abbiamo più relazioni positive. È importante valutare onestamente il sentimento che ogni oggetto suscita e decidere se la sua presenza nella nostra vita è benefica o se è giunto il momento di lasciarlo andare.

Decluttering come Liberazione Energetica

Quando decidiamo di rimuovere un oggetto dalla nostra casa, stiamo anche liberando lo spazio dalla sua energia. Questo atto può avere un impatto profondamente catartico e liberatorio, specialmente se l'oggetto è legato a ricordi dolorosi o a fasi della vita che abbiamo superato. Il decluttering diventa così non solo un processo fisico, ma anche un atto di guarigione e rinnovamento energetico.

Creare Spazi Energeticamente Armoniosi

Dopo aver rimosso gli oggetti che non servono più o che portano energie negative, abbiamo l'opportunità di riorganizzare gli spazi in modo che riflettano e sostengano le nostre energie positive. Questo può significare posizionare consapevolmente oggetti che evocano serenità, come piante, elementi naturali o opere d'arte che ispirano, creando così un ambiente che nutre la nostra energia e il nostro spirito.

La Manutenzione dell'Energia

Mantenere un ambiente energeticamente positivo richiede una continua attenzione e cura. Questo include non solo il decluttering fisico regolare, ma anche pratiche come la pulizia energetica degli spazi con incenso, salvia, o suoni, e la creazione di routine che invitano energia positiva, come la meditazione, la pratica dello yoga, o semplicemente il trascorrere tempo in contemplazione e gratitudine per lo spazio che abbiamo creato.

Attraverso la comprensione e il rispetto dell'energia degli oggetti, il processo di decluttering nel Minimalismo Zen diventa un viaggio profondo verso la creazione di una casa che non solo è liberata dal superfluo, ma che risuona anche con la nostra essenza più profonda, offrendo rifugio, ispirazione e pace.

2.4 Creare spazi Zen nella propria abitazione

Nel viaggio attraverso il Minimalismo Zen, abbiamo esaminato l'importanza del decluttering e dell'energia che gli oggetti portano nei nostri spazi. Ora, ci concentriamo su come creare spazi Zen che incarnino la tranquillità, la semplicità e l'armonia, trasformando la nostra abitazione in un santuario di pace e chiarezza.

Semplicità e Funzionalità

Il cuore di uno spazio Zen risiede nella sua semplicità. Questo non significa spogliare ogni stanza fino a renderla sterile, ma piuttosto scegliere con cura ciò che vi si include, assicurandosi che ogni elemento serva uno scopo funzionale o estetico. Gli arredi dovrebbero riflettere la purezza delle linee e la naturalezza dei materiali, creando un'atmosfera di calma e ordine che invita alla riflessione e alla tranquillità.

Connessione con la Natura

La natura svolge un ruolo cruciale nella creazione di spazi Zen, ispirandosi ai tradizionali giardini giapponesi che celebrano la bellezza del mondo naturale. Incorporare elementi come piante, acqua, pietre o legno può aiutare a portare l'esterno all'interno, promuovendo un senso di serenità e connessione con l'ambiente. La luce naturale dovrebbe essere massimizzata, con ampie finestre o l'uso di specchi per amplificare la sensazione di apertura e spaziosità.

Palette di Colori Calmanti

I colori influenzano profondamente il nostro umore e la nostra percezione dello spazio. Nei luoghi Zen, si prediligono tonalità neutre e terre, che evocano la tranquillità e riducono lo stress visivo. Bianchi morbidi, grigi, toni della terra e accenti di verde o blu possono creare una tavolozza che calma la mente e rinvigorisce lo spirito, mantenendo l'ambiente visivamente bilanciato e coerente.

Aree di Rifugio

Ogni casa dovrebbe avere un angolo dedicato alla quiete e alla meditazione, indipendentemente dalle dimensioni. Questo spazio, anche se piccolo, dovrebbe essere riservato al riposo, alla lettura o alla meditazione, privo di distrazioni tecnologiche. Un semplice tatami, un cuscino per meditare o una piccola fontana possono trasformare un angolo in un rifugio personale per ricaricare corpo e mente.

Ordine e Pulizia

Mantenere l'ordine e la pulizia è essenziale per preservare l'atmosfera Zen degli spazi. Questo non solo include la regolare manutenzione fisica, ma anche l'ordine visivo: cavi nascosti, oggetti ordinatamente riposti e superfici sgombre contribuiscono a una sensazione di pace e controllo. La pulizia diventa una pratica Zen in sé, un rituale che non solo mantiene lo spazio accogliente, ma anche aiuta a sviluppare la disciplina e la presenza mentale.

Creare spazi Zen nella propria abitazione va oltre l'estetica; è un'espressione esterna di un viaggio interiore verso la semplicità e la consapevolezza. Questi spazi diventano luoghi dove possiamo rifugiarci dalle tempeste della vita quotidiana, ricaricarci e connetterci con la nostra essenza più profonda. Attraverso la cura attenta dei nostri ambienti, possiamo riflettere e sostenere il nostro percorso di crescita personale nel Minimalismo Zen.

2.5 Case study: trasformazioni di spazi abitativi

Dopo aver navigato attraverso i principi e le pratiche per declutterare e creare spazi Zen nella propria abitazione, esaminiamo ora alcuni "case study" che illustrano l'impatto trasformativo di questi principi quando applicati nella vita reale. Queste storie non solo dimostrano il potere del Minimalismo Zen nel trasformare gli spazi fisici, ma sottolineano anche come tali cambiamenti possano influenzare positivamente il benessere personale e la qualità della vita.

La Rinascita di un Loft Urbano

Manuel, un architetto, viveva in un ampio loft nel cuore della città, ma lo spazio, un tempo fonte di ispirazione, era diventato un magazzino di oggetti accumulati negli anni. Deciso a riscoprire la serenità, Manuel intraprese un percorso di decluttering seguendo i principi del Minimalismo Zen. Rimuovendo mobili ingombranti e oggetti non essenziali, riuscì a trasformare il suo loft in uno spazio aperto, luminoso e funzionale. L'introduzione di elementi naturali come piante e una fontana, insieme all'uso di materiali naturali e una palette di colori neutri, rinnovò lo spazio, rendendolo un'oasi di pace nel caos urbano.

La Trasformazione di una Casa Familiare

Sara e Luigi, una coppia con due figli, si trovarono sopraffatti dal disordine della loro casa suburbana. Attraverso l'adozione del Minimalismo Zen, decisero di riorganizzare la loro abitazione, creando spazi definiti per il gioco, il lavoro e il relax. Ogni stanza fu declutterata con cura, tenendo solo ciò che era amato o necessario. Implementarono soluzioni di storage intelligenti per mantenere l'ordine e dedicarono un'area della casa alla meditazione e alla quiete. Questa trasformazione non solo riportò ordine fisico, ma migliorò anche la dinamica familiare, incoraggiando momenti di qualità e interazioni più pacifiche.

Dallo Studio Artistico al Santuario Creativo

Silvia, un'artista visiva, lottava con la creatività bloccata a causa del caos nel suo studio. Isolando gli elementi essenziali del suo processo artistico e liberandosi del superfluo, trasformò il suo studio in uno spazio che rifletteva il Minimalismo Zen. Pareti bianche, ampie finestre e l'organizzazione metodica dei materiali d'arte favorirono un ambiente che stimolava la creatività piuttosto che soffocarla. L'angolo dedicato alla meditazione divenne la fonte del suo rinnovato flusso creativo, dimostrando come la semplicità possa alimentare l'ispirazione.

Il Piccolo Appartamento Rivitalizzato

Arianna, una giovane professionista, sentiva che il suo piccolo appartamento era soffocante piuttosto che accogliente. Attraverso il decluttering e l'adozione di principi Zen, massimizzò lo spazio limitato, scegliendo arredi multifunzionali e mantenendo una palette di colori chiari per ampliare visivamente lo spazio. Creò "zone di respirazione" libere da mobili e oggetti, che contribuirono a una sensazione di apertura e libertà, trasformando il suo appartamento in un rifugio personale dove poteva rigenerarsi dopo le lunghe giornate di lavoro.

La Villa Rurale Riconcettualizzata

Francesca e Roberta, dopo anni in città, si trasferirono in una villa di campagna, ma si trovarono sopraffatte dal tentativo di riempire e decorare l'ampio spazio. Abbracciando il Minimalismo Zen, decisero di semplificare, scegliendo con cura pochi pezzi significativi e integrando elementi della natura circostante nella loro casa. Questo non solo ridusse il bisogno di acquisti superflui, ma le aiutò a riconnettersi con l'ambiente naturale, trovando pace nella semplicità della vita rurale.

Questi "case study" dimostrano che, indipendentemente dalla dimensione o dallo stile di una casa, l'applicazione del Minimalismo Zen può trasformare qualsiasi spazio in un ambiente che promuove la tranquillità, la concentrazione e il benessere personale, sottolineando che la vera armonia deriva dalla semplicità e dall'equilibrio tra le nostre esigenze interne e i nostri ambienti esterni.

CAPITOLO 3

Semplicità negli Affetti e nelle Relazioni

3.1 Applicare il minimalismo alle relazioni personali

Nel nostro viaggio attraverso il Minimalismo Zen, abbiamo esplorato come questo possa trasformare gli spazi fisici in cui viviamo. Ora, ci avventuriamo in un territorio più intimo e complesso: le nostre relazioni personali. Il Minimalismo Zen, applicato alle relazioni, ci invita a considerare come la qualità, piuttosto che la quantità, delle nostre connessioni influenzi profondamente il nostro benessere emotivo e spirituale.

Riflessione sulle Relazioni Esistenti

Il primo passo nel decluttering delle relazioni è una riflessione profonda su ciascuna delle nostre connessioni. Questo processo richiede onestà e vulnerabilità, poiché valutiamo quali relazioni arricchiscono la nostra vita e quali, invece, la drenano. Come con gli oggetti materiali, ci chiediamo: questa relazione mi porta gioia, crescita e nutrimento? È in armonia con i miei valori e aspirazioni?

Semplificare e Approfondire

Nel Minimalismo Zen, semplificare non significa necessariamente ridurre il numero di amici o contatti sociali, ma piuttosto approfondire la qualità delle relazioni che scegliamo di coltivare. Questo può significare dedicare più tempo e attenzione alle persone che risuonano veramente con noi, nutrendo quelle connessioni in modo che diventino più ricche e soddisfacenti.

Stabilire Confini Sani

Un aspetto cruciale dell'applicare il Minimalismo Zen alle relazioni è l'impostazione di confini sani. Questo non solo protegge il nostro spazio emotivo, ma permette anche agli altri di comprendere le nostre esigenze e aspettative. I confini chiari e rispettosi creano un ambiente in cui le relazioni possono fiorire in modo autentico e reciprocamente rispettoso.

Lasciar Andare con Gentilezza

Così come ci liberiamo degli oggetti che non servono più, a volte dobbiamo lasciar andare le relazioni che non sono più in sintonia con il nostro percorso di vita. Questo rilascio dovrebbe essere fatto con gentilezza e rispetto, riconoscendo il ruolo che la persona ha avuto nella nostra vita e permettendo a entrambi di muoversi verso relazioni più allineate con il proprio essere attuale.

Coltivare la Presenza

Nelle relazioni che scegliamo di mantenere, la presenza è fondamentale. Essere veramente presenti con gli altri, ascoltando attivamente e partecipando con autenticità, rende ogni interazione più significativa. Questo livello di presenza e attenzione arricchisce non solo le nostre relazioni, ma anche la nostra esperienza della vita stessa.

Gratitudine e Apprezzamento

Infine, il Minimalismo Zen ci insegna l'importanza della gratitudine e dell'apprezzamento nelle nostre relazioni. Esprimere regolarmente gratitudine per le persone nella nostra vita, per i piccoli gesti e i grandi sacrifici, non solo rafforza i legami, ma coltiva anche un ambiente di reciprocità e amore.

Applicando i principi del Minimalismo Zen alle nostre relazioni, possiamo creare una rete di connessioni che supporta e riflette la nostra ricerca di una vita semplice, intenzionale e piena di significato. Questo approccio non solo semplifica il nostro paesaggio relazionale, ma arricchisce profondamente le connessioni che scegliamo di coltivare, portando più gioia e armonia nella nostra vita e in quella degli altri.

3.2 Imparare a lasciar andare relazioni tossiche

Nel percorso del Minimalismo Zen applicato alle relazioni, dopo aver riflettuto sulla qualità delle nostre connessioni interpersonali, ci troviamo di fronte alla difficile ma fondamentale pratica di lasciar andare quelle relazioni che si rivelano tossiche e dannose per il nostro benessere. Questo processo, sebbene arduo, è cruciale per mantenere la nostra integrità emotiva e spirituale e per promuovere un ambiente di crescita personale e reciproco rispetto.

Riconoscimento e Accettazione

Il primo passo nel districarsi da una relazione tossica è il riconoscimento della sua natura nociva. Spesso, legami di lunga data o abitudini relazionali radicate possono offuscare il nostro giudizio, rendendoci incapaci di vedere chiaramente il danno che stiamo subendo. Accettare che una relazione non contribuisca positivamente alla nostra vita richiede coraggio e onestà, poiché dobbiamo affrontare non solo la perdita del legame stesso ma anche il riconoscimento dei nostri bisogni e limiti.

Comunicazione Chiara e Compassionevole

Una volta riconosciuta la necessità di allontanarsi da una relazione tossica, la comunicazione diventa fondamentale. Esprimere i propri sentimenti e le proprie esperienze in modo chiaro, ma compassionevole, può aiutare a chiarire le ragioni della separazione, riducendo la possibilità di incomprensioni o risentimenti. È importante concentrarsi sui propri sentimenti e percezioni piuttosto che attribuire colpe, favorendo così una chiusura più pacifica.

Stabilire e Mantenere Confini

La definizione di confini chiari è essenziale per proteggere il proprio spazio emotivo e fisico durante e dopo il distacco da una relazione tossica. Questi confini possono includere limiti su comunicazioni, incontri e interazioni sociali, garantendo che si abbia lo spazio necessario per guarire e riflettere. Mantenere questi confini richiederà determinazione, specialmente di fronte a tentativi di riavvicinamento o manipolazioni emotive.

Supporto e Autocura

Distaccarsi da una relazione tossica può essere un processo emotivamente esigente, rendendo indispensabile un solido sistema di supporto. Amici fidati, familiari o professionisti possono offrire la comprensione e l'incoraggiamento necessari per navigare questo periodo difficile. Parallelamente, pratiche di autocura come la meditazione, l'esercizio fisico, e il tempo trascorso nella natura, possono aiutare a rafforzare la resilienza emotiva e a ritrovare la pace interiore.

Guarigione e Crescita

L'atto di lasciar andare una relazione tossica, pur doloroso, apre la porta a significative opportunità di guarigione e crescita personale. Questo processo può portare a una maggiore consapevolezza di sé, una rinnovata fiducia nelle proprie capacità e nella propria valutazione delle relazioni future, e una più profonda connessione con i propri valori e desideri.

Riflessione e Apprendimento

Infine, è importante riflettere sull'esperienza vissuta all'interno della relazione tossica, cercando di trarne insegnamenti piuttosto che rimorsi. Comprendere i segnali di allarme, le proprie vulnerabilità che hanno permesso la relazione tossica di svilupparsi e le forze che hanno contribuito a lasciarla andare, sono passi fondamentali verso la costruzione di relazioni future più sane e rispettose.

Lasciar andare le relazioni tossiche è un atto di coraggio e di auto-affermazione che, sebbene impegnativo, è essenziale per vivere una vita allineata ai principi del Minimalismo Zen, dove la pace interiore e la crescita personale sono al centro della nostra esistenza.

3.3 Coltivare relazioni significative

Dopo aver affrontato il complesso processo di riconoscere e distaccarsi dalle relazioni tossiche, ci rivolgiamo ora verso un aspetto più luminoso e costruttivo del nostro viaggio nel

Minimalismo Zen: la coltivazione di relazioni significative. Queste connessioni, radicate in autenticità, rispetto reciproco e crescita condivisa, arricchiscono la nostra vita, offrendoci sostegno, ispirazione e gioia.

Identificare i Valori Fondamentali

La base per coltivare relazioni significative risiede nella chiara comprensione dei propri valori fondamentali. Questi principi, che riflettono ciò che è veramente importante per noi, fungono da bussola nelle nostre interazioni, aiutandoci a riconoscere le persone che risuonano con il nostro essere più autentico. Dedicare tempo a riflettere sui propri valori e a viverli con integrità attrae naturalmente individui con affinità e aspirazioni simili.

Autenticità e Vulnerabilità

La vera connessione nasce dall'autenticità e dalla vulnerabilità. Mostrarsi per ciò che si è veramente, con i propri punti di forza e le proprie fragilità, crea uno spazio di fiducia e accettazione reciproca. Questa apertura invita gli altri a fare lo stesso, gettando le basi per relazioni profonde e sincere, in cui ogni individuo è valorizzato per la sua unicità.

Ascolto Attivo e Presenza

Uno degli aspetti più preziosi che possiamo offrire nelle nostre relazioni è la nostra piena attenzione. L'ascolto attivo, libero da distrazioni e giudizi, permette di comprendere veramente l'altro, rafforzando il legame e promuovendo un dialogo aperto e significativo. La presenza, sia fisica che emotiva, comunica il valore che attribuiamo all'altro e alla relazione stessa.

Sostegno Reciproco e Crescita Condivisa

Le relazioni significative si nutrono di sostegno reciproco e di un impegno condiviso verso la crescita personale. Incoraggiarsi a vicenda nei momenti di sfida, celebrare insieme i successi, e motivarsi a perseguire i propri obiettivi crea un dinamismo positivo che arricchisce entrambe le parti. La crescita condivisa, sia nelle sfere personali che nelle aspirazioni comuni, consolida il legame e rende la relazione una fonte continua di ispirazione.

Gratitudine e Apprezzamento

Esprimere regolarmente gratitudine e apprezzamento per le persone nella nostra vita rafforza le relazioni e crea un circolo virtuoso di positività. Riconoscere e verbalizzare ciò che apprezziamo dell'altro non solo rafforza il loro senso di valore, ma amplifica anche la nostra consapevolezza delle ricchezze che le relazioni portano nella nostra vita.

Rispetto dei Confini e Indipendenza

Infine, il rispetto dei confini personali e il mantenimento di un sano grado di indipendenza sono essenziali per relazioni equilibrate e durature. Questo rispetto consente a ciascuno di mantenere la propria individualità e di perseguire i propri interessi, arricchendo la relazione con nuove esperienze e prospettive da condividere.

Coltivare relazioni significative nel contesto del Minimalismo Zen significa creare connessioni che non solo sopravvivono ma prosperano nella semplicità e nell'intenzionalità, riflettendo e sostenendo il nostro percorso verso una vita piena di presenza, scopo e gioia condivisa.

3.4 Comunicazione essenziale: parlare e ascoltare in modo Zen

Nel tessuto delle nostre relazioni, la comunicazione assume un ruolo fondamentale. Approfondiremo ora come il Minimalismo Zen si applica alla comunicazione, trasformandola in uno strumento potente per costruire intimità, comprensione e rispetto reciproco. Parlare e ascoltare in modo Zen non significa soltanto ridurre le parole al minimo indispensabile, ma piuttosto scegliere con cura le nostre parole, dare piena attenzione e ascoltare con il cuore, creando uno spazio di presenza e connessione autentica.

La Qualità oltre la Quantità

Nel dialogo Zen, ogni parola è scelta con cura, portando con sé un peso e un'intenzione. Questo approccio alla comunicazione sottolinea l'importanza della qualità delle nostre parole piuttosto che della loro quantità. Proprio come nel decluttering degli oggetti, eliminiamo il superfluo per far emergere ciò che è veramente importante. Questo ci permette di esprimere i nostri pensieri e sentimenti in modo chiaro e significativo, evitando malintesi e comunicazioni superficiali.

Ascolto Profondo

L'ascolto nel Minimalismo Zen va oltre il semplice udire le parole dell'altro; è un'immersione totale nel momento presente, dove ogni suono, espressione e pausa viene percepita con piena attenzione. Questo tipo di ascolto, spesso definito come "ascolto attivo" o "ascolto empatico", permette una vera comprensione delle parole, dei sentimenti e delle intenzioni dell'altro, creando un ponte di empatia e connessione profonda.

Silenzio come Spazio di Crescita

Nel Minimalismo Zen, il silenzio è valorizzato tanto quanto la parola. Non è un vuoto da riempire, ma uno spazio ricco di potenzialità, dove la riflessione e l'introspezione possono fiorire. Consentire pause nella conversazione offre a entrambe le parti l'opportunità di assimilare ciò che è stato detto e di rispondere in modo più ponderato e consapevole, arricchendo la qualità del dialogo.

Parlare con Intenzione

Ogni volta che parliamo, abbiamo l'opportunità di farlo con intenzione, scegliendo parole che costruiscono piuttosto che distruggono, che aprono cuori invece di chiuderli. Questo richiede una consapevolezza costante del nostro stato interiore e degli effetti che le nostre parole possono avere sugli altri. Parlare con intenzione nel Minimalismo Zen significa anche esprimere gratitudine e apprezzamento, riconoscendo il valore degli altri e delle nostre relazioni con loro.

Risoluzione dei Conflitti in Stile Zen

I conflitti sono inevitabili in qualsiasi relazione, ma il modo in cui scegliamo di affrontarli può trasformare ostacoli in opportunità di crescita. Il Minimalismo Zen ci insegna a guardare ai conflitti con una mente aperta e un cuore compassionevole, cercando di comprendere la prospettiva dell'altro senza pregiudizi o rancore. Affrontare i disaccordi con calma, chiarezza e rispetto reciproco porta a soluzioni più armoniose e costruttive, rafforzando il legame piuttosto che erodendolo.

Attraverso una comunicazione essenziale, ispirata ai principi del Minimalismo Zen, possiamo trasformare ogni interazione in un atto di presenza e amore, costruendo relazioni che riflettono i nostri valori più profondi e arricchiscono la nostra esperienza condivisa della vita.

3.5 Esercizi Zen per rafforzare i legami

Nell'esplorazione del Minimalismo Zen applicato alle relazioni, abbiamo discusso l'importanza della comunicazione essenziale e dell'ascolto profondo. Ora, ci immergiamo in pratiche specifiche che possono essere integrate nella vita quotidiana per rafforzare i legami interpersonali. Questi esercizi Zen, radicati nella presenza, nella mindfulness e nella condivisione intenzionale, offrono modi concreti per coltivare connessioni più profonde e significative.

Meditazione Condivisa

Praticare la meditazione insieme è un potente esercizio per rafforzare i legami. Sedersi in silenzio con un partner, un amico o un familiare permette di condividere uno spazio di quiete e presenza, oltrepassando la necessità di parole. Questa pratica comune può aiutare a sincronizzare le energie, promuovendo un senso di unità e comprensione reciproca senza il bisogno di comunicazione verbale.

Ascolto Attivo Mirato

Dedicare un momento specifico della giornata all'ascolto attivo può trasformare la qualità delle relazioni. Questo può essere strutturato come un breve rituale quotidiano in cui ciascuna persona ha l'opportunità di parlare liberamente per alcuni minuti mentre l'altra ascolta con piena attenzione e senza interruzioni. Questo esercizio non solo migliora la comunicazione ma permette anche di condividere pensieri e sentimenti che altrimenti potrebbero rimanere inespressi.

Passeggiate Zen in Natura

Condividere una passeggiata in natura, praticando la mindfulness e la presenza, è un altro esercizio che può rafforzare i legami. Camminare insieme con l'intenzione di essere pienamente presenti, osservando l'ambiente circostante e condividendo silenziosamente l'esperienza, può creare un legame profondo. Questo tipo di attività favorisce la connessione non solo tra le persone ma anche con il mondo naturale, arricchendo la relazione con nuove dimensioni di esperienza condivisa.

Pasti Condivisi in Consapevolezza

Trasformare i pasti condivisi in pratiche di mindfulness è un altro esercizio Zen che può arricchire le relazioni. Mangiare insieme in silenzio, concentrando l'attenzione sui sapori, le texture e il processo di nutrimento, può trasformare un'attività quotidiana in un rituale significativo. Questa pratica incoraggia la gratitudine per il cibo e per la compagnia, approfondendo la consapevolezza e la connessione reciproca.

Dialoghi di Gratitudine

Concludere la giornata condividendo espressioni di gratitudine può rafforzare i legami e promuovere un senso di apprezzamento reciproco. Questo esercizio consiste nel dedicare alcuni minuti prima di dormire per esprimere gratitudine per qualcosa specifico riguardante l'altro, un evento della giornata o un aspetto della relazione. Questi momenti di condivisione positiva possono migliorare l'intimità e la fiducia, rafforzando il legame e incoraggiando un focus sulle qualità positive della relazione.

Integrando questi esercizi Zen nella vita quotidiana, le relazioni possono fiorire in un ambiente di presenza, consapevolezza e apprezzamento reciproco. Queste pratiche, radicate nel Minimalismo Zen, non solo rafforzano i legami esistenti ma creano anche un terreno fertile per lo sviluppo di nuove connessioni autentiche e profonde.

CAPITOLO 4

Minimalismo Digitale

4.1 Ridurre il disordine digitale per una mente più chiara

Nella nostra esplorazione del Minimalismo Zen applicato alle varie sfere della vita, ci avviciniamo ora a un aspetto cruciale dell'esistenza moderna: il disordine digitale. In un'era dominata dalla tecnologia, e-mail, social media, notifiche e app possono facilmente sovraccaricare la nostra mente, distogliendoci dalla presenza nel momento attuale e influenzando negativamente il nostro benessere mentale. Ridurre questo disordine digitale è essenziale per ristabilire la chiarezza mentale e ritrovare la pace interiore.

Consapevolezza Digitale

Il primo passo per affrontare il disordine digitale è sviluppare una consapevolezza delle proprie abitudini digitali. Questo implica osservare quanto tempo trascorriamo online e come questo influisce sul nostro stato d'animo e sulla nostra produttività. La consapevolezza ci permette di identificare quali aspetti della nostra vita digitale necessitano di semplificazione e quali pratiche possiamo adottare per mitigare il sovraccarico informativo.

Decluttering Digitale

Proprio come con gli oggetti fisici, possiamo applicare il principio del decluttering ai nostri dispositivi elettronici. Questo include la pulizia delle e-mail, la riduzione delle app non utilizzate, l'organizzazione dei file in modo logico e la semplificazione dell'interfaccia dei nostri dispositivi per ridurre le distrazioni. Ogni elemento digitale dovrebbe essere valutato in base al suo reale valore e contributo alla nostra vita.

Dieta Digitale

Implementare una "dieta digitale" può essere un modo efficace per ridurre il disordine digitale. Questo non significa eliminare completamente la tecnologia dalla nostra vita, ma piuttosto selezionare con cura il tempo e il modo in cui la utilizziamo. Stabilire periodi specifici della giornata dedicati alla disconnessione digitale, come durante i pasti o prima di andare a letto, può aiutare a ristabilire un equilibrio e a favorire momenti di connessione reale con noi stessi e con gli altri.

Minimalismo nelle Comunicazioni

Adottare un approccio minimalista alle comunicazioni digitali significa essere intenzionali riguardo a quando e come rispondiamo a e-mail e messaggi. Questo può includere l'impostazione di orari specifici per controllare le e-mail o l'utilizzo di risposte concise ma rispettose. L'obiettivo è ridurre il tempo trascorso in attività comunicative non essenziali, liberando spazio per attività più significative e arricchenti.

Spazi Digitali Zen

Creare spazi digitali che riflettano i principi Zen può contribuire notevolmente alla chiarezza mentale. Ciò può significare personalizzare lo sfondo del desktop con immagini serene, utilizzare app che promuovono la concentrazione e la mindfulness, e organizzare i file e le informazioni in modo che siano facilmente accessibili ma non opprimenti. Un ambiente digitale pulito e ordinato può avere un effetto calmante sulla mente, simile a quello di uno spazio fisico declutterato.

Riducendo il disordine digitale, non solo miglioriamo la nostra produttività e concentrazione, ma riscopriamo anche il valore della disconnessione, del silenzio e della presenza. Questa semplificazione digitale, ispirata al Minimalismo Zen, ci permette di navigare nel mondo tecnologico con maggiore consapevolezza e intenzionalità, preservando la nostra pace interiore e arricchendo la nostra vita con connessioni autentiche e momenti di vera presenza.

4.2 Tecniche per gestire e-mail, social media e notifiche

Nel cammino verso la chiarezza mentale e la pace interiore attraverso il Minimalismo Zen, affrontiamo una delle maggiori sfide dell'era digitale: la gestione delle e-mail, dei social media e delle notifiche. Questi strumenti, seppur utili, possono facilmente diventare fonti di distrazione e stress, interrompendo la nostra presenza e serenità. Esploriamo tecniche pratiche per gestirli in modo che sostengano, piuttosto che ostacolino, il nostro benessere.

E-mail: L'Arte della Gestione Efficace

Le e-mail possono accumularsi rapidamente, trasformando la nostra casella di posta in una fonte di stress. Per gestirle efficacemente, è essenziale adottare un approccio minimalista:

Stabilire Orari Specifici: Dedicare momenti specifici della giornata alla lettura e alla risposta delle e-mail può prevenire la distrazione costante e migliorare la concentrazione sulle attività presenti.

Utilizzo di Filtri e Cartelle: Organizzare le e-mail in cartelle e utilizzare filtri può aiutare a mantenere la casella di posta ordinata, assicurando che le informazioni importanti siano facilmente accessibili.

Pratica dell'Inbox Zero: A fine giornata, prenditi il tempo per archiviare, cancellare o rispondere a tutte le e-mail, lasciando la casella di posta vuota o quasi. Questo può offrire un senso di compiutezza e ordine.

Social Media: Consumo Consapevole e Intenzionale

I social media, se non gestiti con cura, possono diventare voragini di tempo e fonti di confronto e insoddisfazione. Per utilizzarli in modo più Zen:

Limitare il Tempo di Utilizzo: Impostare limiti giornalieri per l'uso dei social media può aiutarti a controllare il tempo trascorso online.

Curare il Feed: Seguire solo account che ispirano, educano o arricchiscono in qualche modo la tua vita. La qualità del contenuto consumato può influenzare significativamente il tuo stato d'animo e la tua visione del mondo.

Presenza Consapevole: Quando utilizzi i social media, fai in modo di essere pienamente presente, chiedendoti se l'interazione è significativa o necessaria.

Notifiche: Recuperare il Controllo

Le notifiche costanti da app e servizi digitali possono frammentare la nostra attenzione e ridurre la nostra presenza. Per mitigarne l'effetto:

Disattivazione Selettiva: Valuta criticamente quali app

hanno realmente bisogno di inviarti notifiche immediate e disattiva tutte le altre. Spesso, meno è meglio.

Utilizzo della Modalità Non Disturbare: Imposta la modalità "Non Disturbare" durante periodi di lavoro concentrato o relax, per evitare interruzioni inutili.

Revisione Periodica delle Impostazioni: Le nostre esigenze e priorità cambiano, quindi è utile rivedere periodicamente le impostazioni delle notifiche per assicurarsi che rispecchino i nostri attuali bisogni e valori.

Adottando queste tecniche, possiamo trasformare la nostra interazione con e-mail, social media e notifiche da fonti di distrazione e sovraccarico a strumenti gestiti con intenzionalità e presenza. Questo approccio minimalista non solo migliora la nostra produttività e concentrazione, ma rafforza anche il nostro percorso verso una vita più Zen, dove la pace interiore e la consapevolezza sono al centro della nostra esperienza digitale.

4.3 Creare una routine digitale minimalista

Nell'ambito del Minimalismo Zen, l'attenzione si sposta ora sulla creazione di una routine digitale minimalista. Questa pratica non mira soltanto a ridurre il sovraccarico informativo e le distrazioni, ma anche a promuovere un utilizzo della tecnologia che sia in armonia con i nostri valori più profondi, migliorando così la qualità della nostra vita digitale e reale.

Definire Priorità e Intenzioni

La base di una routine digitale minimalista risiede nella chiara definizione delle proprie priorità e intenzioni. È essenziale chiedersi quali aspetti della tecnologia arricchiscono veramente la nostra vita e quali, invece, contribuiscono a sensazioni di ansia, distrazione o insoddisfazione. Questa riflessione iniziale guida la creazione di una routine che riflette i nostri obiettivi personali e professionali, oltre che il nostro benessere.

Stabilire Tempi Dedicati

Una componente chiave di una routine digitale minimalista è la designazione di tempi specifici per l'utilizzo della tecnologia. Ciò potrebbe significare assegnare blocchi di tempo per controllare e rispondere alle e-mail, navigare sui social media o esplorare contenuti online. Fuori da questi periodi, la tecnologia viene messa da parte per favorire la concentrazione su attività non digitali, come la lettura, la meditazione o il tempo trascorso con amici e familiari.

Disconnessione Serale

Implementare una regola di disconnessione nelle ore serali può avere un impatto significativo sul nostro benessere.

Spegnere i dispositivi digitali almeno un'ora prima di andare a letto migliora la qualità del sonno e ci permette di dedicare tempo a rituali serali più rilassanti e meditativi, allineati con i principi del Minimalismo Zen.

Tecnologia Intenzionale

Ogni aspetto della nostra routine digitale dovrebbe essere esaminato attraverso la lente dell'intenzionalità. Questo include la scelta di app e strumenti che supportano i nostri obiettivi senza creare sovraccarico o distrazione. La tecnologia utilizzata dovrebbe semplificare la vita, non complicarla, permettendoci di concentrarci sulle esperienze e sulle interazioni che troviamo più significative.

Spazi Liberi da Tecnologia

Creare spazi nella nostra abitazione dove la tecnologia è deliberatamente assente può rafforzare la nostra routine digitale minimalista. Questi possono essere angoli dedicati alla lettura, alla meditazione o alle conversazioni faccia a faccia, dove telefoni, tablet e altri dispositivi non sono ammessi. Questi spazi diventano rifugi di pace e presenza, essenziali per il nostro equilibrio interiore.

Riflessione e Aggiustamento

Infine, una routine digitale minimalista richiede una riflessione costante e la disponibilità ad apportare aggiustamenti. Le nostre esigenze e circostanze possono cambiare, e con esse la nostra interazione con la tecnologia. Dedicare tempo a valutare periodicamente l'efficacia della nostra routine e la sua alienazione con i nostri valori ci consente di fare modifiche proattive per mantenere il nostro benessere digitale e generale.

Adottando una routine digitale minimalista, non solo riconquistiamo il controllo del nostro tempo e della nostra attenzione, ma apriamo anche la porta a una vita più ricca e centrata, dove la tecnologia serve come strumento per arricchire la nostra esistenza anziché dominarla.

4.4 Benefici della disconnessione

Nel nostro viaggio attraverso il Minimalismo Zen applicato alla tecnologia, arriviamo a un concetto fondamentale che è la disconnessione. Questa pratica, lontana dall'essere una negazione della modernità, si rivela invece come un prezioso strumento per riconnettersi con sé stessi, migliorare le relazioni interpersonali e approfondire la propria presenza nel mondo reale. Esploriamo i benefici multi-faccettati che derivano da periodi regolari di disconnessione dalla tecnologia.

Rinnovata Presenza Mentale

Uno dei benefici più immediati della disconnessione è il ritorno a una presenza mentale più profonda. Nell'era digitale, la nostra attenzione è costantemente frammentata da notifiche, messaggi e flussi di informazioni. Ritagliarsi momenti di disconnessione permette alla mente di riposarsi e di riallinearsi con il momento presente, migliorando la concentrazione, la chiarezza di pensiero e la capacità di vivere pienamente ogni esperienza.

Miglioramento delle Relazioni

La disconnessione digitale apre spazio per interazioni più significative e ricche con le persone che ci circondano. Senza la distrazione costante di dispositivi e schermi, possiamo impegnarci in conversazioni più profonde, ascoltare con maggiore attenzione e condividere esperienze più autentiche. Questo rafforza i legami e promuove una maggiore intimità e comprensione reciproca.

Aumento del Benessere Emotivo

La sovraesposizione ai media digitali può essere fonte di stress, ansia e insoddisfazione, soprattutto quando si tratta di confrontarsi con le rappresentazioni idealizzate della vita altrui sui social media. La disconnessione offre una pausa da questo flusso costante, permettendoci di riconnetterci con le nostre emozioni autentiche, valutare ciò che realmente ci rende felici e nutrire un senso di gratitudine per la nostra vita così com'è.

Stimolazione della Creatività

Il silenzio e la tranquillità che accompagnano la

disconnessione creano il terreno fertile ideale per la creatività. Senza le distrazioni digitali, la mente ha la libertà di vagare, esplorare e generare nuove idee. Questo può portare a scoperte personali, soluzioni creative a problemi persistenti e un rinnovato interesse per hobby e passioni.

Miglioramento della Qualità del Sonno

La luce blu emessa dai dispositivi digitali può interferire con i nostri ritmi circadiani e compromettere la qualità del sonno. Disconnettersi dalle tecnologie nelle ore serali consente al corpo di prepararsi naturalmente al riposo, migliorando la qualità del sonno e contribuendo a un risveglio più riposato e rinvigorito.

Riconnessione con la Natura

La disconnessione digitale ci incoraggia a uscire e riconnetterci con il mondo naturale. Tempo trascorso all'aria aperta, in giardino, nei parchi o nelle aree selvagge, senza la mediazione di schermi, ci permette di riscoprire la bellezza e la serenità della natura, con benefici tangibili per la nostra salute fisica e mentale.

Incorporando periodi di disconnessione nella nostra routine quotidiana o settimanale, possiamo sperimentare una trasformazione profonda nel nostro benessere, nelle nostre relazioni e nella nostra capacità di godere della vita. Questa pratica, radicata nel Minimalismo Zen, ci ricorda il valore inestimabile della presenza, dell'autenticità e della connessione con il mondo che ci circonda.

4.5 Stabilire confini digitali sani

Nel contesto del Minimalismo Zen applicato alla nostra vita digitale, stabilire confini digitali sani emerge come una pratica cruciale per mantenere l'equilibrio e promuovere il benessere personale. In un mondo in cui la tecnologia permea quasi ogni aspetto della nostra esistenza, definire chiaramente quando, come e in che misura interagiamo con il digitale è fondamentale. Esaminiamo come impostare questi confini e i benefici che ne derivano.

Autocoscienza Digitale

Il primo passo per stabilire confini digitali efficaci è sviluppare una profonda autocoscienza riguardo alle proprie abitudini digitali. Questo richiede di osservare criticamente come usiamo la tecnologia, quali emozioni scatena in noi e come influisce sul nostro tempo e sulla nostra energia. Attraverso questa autocoscienza, possiamo identificare aree in cui la tecnologia sottrae più di quanto aggiunga al nostro benessere.

Priorità e Valori

Confini digitali sani sono quelli che riflettono e sostengono le nostre priorità e valori più profondi. Se valutiamo il tempo trascorso con la famiglia, la contemplazione solitaria o l'immersione nella natura, i nostri confini digitali dovrebbero facilitare queste esperienze, limitando l'uso della tecnologia che può distoglierci da esse.

Disconnessione Programmata

Una strategia efficace è pianificare periodi di disconnessione regolare. Questo può significare designare certe ore del giorno come "libere dalla tecnologia" o stabilire giornate intere durante il fine settimana dedicate alla disconnessione. Questi momenti programmati aiutano a creare uno spazio per attività non digitali che arricchiscono la nostra vita e rafforzano i nostri legami con gli altri e con noi stessi.

Spazi Fisici Senza Tecnologia

Creare ambienti all'interno della nostra casa dove la tecnologia è deliberatamente assente può rafforzare i nostri confini digitali. Ad esempio, mantenere la camera da letto libera da dispositivi elettronici promuove il rilassamento e migliora la qualità del sonno, mentre avere un'area dedicata alla lettura o alla meditazione senza distrazioni digitali può diventare un rifugio per il rinnovamento personale.

Comunicazione dei Confini

Perché i confini digitali siano rispettati, è essenziale comunicarli chiaramente agli altri. Ciò può includere la discussione con i membri della famiglia riguardo agli orari in cui i dispositivi devono essere spenti o l'informazione ai colleghi sulle ore in cui non si è disponibili per comunicazioni di lavoro. Essere trasparenti sui nostri confini aiuta a gestire le aspettative altrui e a mantenere i nostri impegni verso noi stessi.

Flessibilità e Adattamento

Infine, mentre i confini digitali sono importanti, dovrebbero anche avere una certa flessibilità. La vita ci presenta spesso sfide e opportunità inaspettate che possono richiedere di adattare temporaneamente i nostri confini. Mantenere una mentalità aperta e flessibile ci permette di adeguare i nostri confini digitali in modo che sostengano al meglio il nostro benessere in un dato momento.

Stabilendo e mantenendo confini digitali sani, non solo proteggiamo il nostro tempo e il nostro spazio personale, ma creiamo anche le condizioni per vivere in modo più intenzionale e presente. Questa pratica, profondamente radicata nei principi del Minimalismo Zen, ci invita a riflettere su ciò che è veramente importante e a fare scelte tecnologiche che rispecchiano e arricchiscono i nostri valori più profondi.

CAPITOLO 5

Alimentazione e Stile di Vita Minimalista

5.1 Principi Zen nell'alimentazione quotidiana

Mentre ci addentriamo ulteriormente nella filosofia del Minimalismo Zen, estendiamo i suoi principi alla nostra alimentazione quotidiana. Questo non riguarda solo la scelta di cibi semplici e naturali, ma anche l'adozione di un approccio olistico che considera il modo in cui mangiamo, la nostra consapevolezza durante i pasti e l'intenzionalità dietro le nostre scelte alimentari. L'obiettivo è nutrire non solo il corpo ma anche la mente e lo spirito, creando un'esperienza alimentare che sia al tempo stesso nutriente e meditativa.

Semplicità e Naturalità

Nel cuore dell'alimentazione Zen c'è la semplicità. Questo si riflette nella scelta di ingredienti minimamente processati, che sono il più vicini possibile al loro stato naturale. I cibi semplici non solo mantengono il loro valore nutrizionale ma ci aiutano anche a riconnetterci con i sapori autentici e le texture che spesso vengono mascherati da additivi e trasformazioni eccessive. Questa semplicità si estende alla preparazione dei pasti, dove il processo diventa tanto importante quanto il risultato finale, invitando alla mindfulness e alla presenza.

Consapevolezza e Presenza

La consapevolezza è fondamentale nell'approccio Zen all'alimentazione. Questo significa prestare piena attenzione durante i pasti, assaporando ogni boccone e apprezzando le sensazioni che il cibo suscita. Mangiare lentamente e senza distrazioni permette una migliore digestione e promuove un maggiore apprezzamento per il cibo che nutre il nostro corpo. Questa presenza durante i pasti trasforma l'alimentazione in una pratica di mindfulness, dove ogni pasto diventa un'opportunità di meditazione e gratitudine.

Equilibrio e Moderazione

Il Minimalismo Zen nell'alimentazione enfatizza anche l'importanza dell'equilibrio e della moderazione. Questo significa ascoltare il proprio corpo e nutrirlo con ciò di cui ha realmente bisogno, evitando gli eccessi. L'equilibrio si riflette anche nella varietà del cibo, assicurando che i pasti siano ben bilanciati con una gamma di nutrienti essenziali. In questo modo, l'alimentazione diventa un atto di cura per sé stessi, un equilibrio tra nutrimento e piacere.

Connessione con l'Origine del Cibo

L'alimentazione Zen ci incoraggia a considerare l'origine del nostro cibo, coltivando una connessione con la terra e con coloro che coltivano e preparano i nostri alimenti. Questo può comportare la scelta di cibi locali e di stagione, supportando le comunità agricole locali e riducendo l'impatto ambientale. Questa consapevolezza dell'origine del cibo rafforza il nostro senso di interconnessione con il mondo naturale e con la comunità globale.

Gratitudine e Apprezzamento

Infine, ogni pasto nel contesto dell'alimentazione Zen è un atto di gratitudine. Prima di mangiare, prendersi un momento per esprimere apprezzamento per il cibo, per le mani che l'hanno preparato e per la terra che lo ha prodotto, approfondisce il nostro legame con il nutrimento che riceviamo. Questa gratitudine trasforma l'alimentazione da un'attività quotidiana a una pratica spirituale che arricchisce il nostro essere su tutti i livelli.

Adottando questi principi Zen nell'alimentazione quotidiana, possiamo trasformare i nostri pasti in momenti di presenza, equilibrio e connessione, nutrendo non solo il nostro corpo ma anche la nostra mente e il nostro spirito nel cammino verso una vita minimalista e intenzionale.

5.2 Semplicità e Consapevolezza nel Mangiare

Approfondendo l'applicazione dei principi del Minimalismo Zen all'alimentazione quotidiana, ci focalizziamo sulla semplicità e la consapevolezza nel mangiare. Questo approccio non riguarda solo la scelta di cibi semplici e naturali, ma anche l'adozione di un atteggiamento di piena presenza e gratitudine durante i pasti. L'obiettivo è trasformare ogni atto alimentare in un'esperienza meditativa che nutre il corpo, calma la mente e arricchisce lo spirito.

Valorizzare la Semplicità dei Cibi

La semplicità nel contesto dell'alimentazione Zen si riflette nella scelta di ingredienti puri e non elaborati. Cibi che mantengono la loro integrità naturale, come verdure fresche, cereali integrali, legumi e frutti, sono preferiti per la loro purezza e per il valore nutrizionale che offrono. Questa semplicità negli ingredienti non solo favorisce la salute fisica ma invita anche a un apprezzamento più profondo dei sapori naturali, spesso offuscati da cibi iper-processati e carichi di additivi.

Presenza durante il Pasto

La consapevolezza nel mangiare è un pilastro fondamentale dell'alimentazione Zen. Questo significa essere completamente presenti con ogni boccone, assaporando i sapori, notando le texture e essendo consapevoli delle sensazioni nel corpo. Mangiare lentamente e senza distrazioni, come dispositivi elettronici o televisione, permette una digestione ottimale e un maggiore apprezzamento del nutrimento ricevuto. Questa pratica trasforma i pasti in momenti di mindfulness, dove l'atto di nutrirsi diventa una forma di meditazione.

Ascolto del Corpo

Ascoltare il proprio corpo è essenziale nella pratica Zen dell'alimentazione. Ciò implica mangiare solo quando si ha fame e fermarsi quando si è sazi, rispettando i segnali naturali del corpo piuttosto che abitudini o orari imposti. Questo atteggiamento aiuta a prevenire la sovralimentazione e promuove un rapporto più armonico e intuitivo con il cibo, dove ogni pasto risponde a un reale bisogno fisiologico.

Minimalismo nelle Scelte Alimentari

La scelta di adottare un approccio minimalista alle proprie scelte alimentari va oltre la selezione degli ingredienti; riguarda anche la riduzione della complessità nelle ricette e nei metodi di cottura. Piatti semplici, che enfatizzano la qualità e la freschezza degli ingredienti piuttosto che la quantità o l'esuberanza delle combinazioni, riflettono l'essenza dell'alimentazione Zen. Questo non solo rende la preparazione del cibo più gestibile e meno stressante, ma incoraggia anche un apprezzamento per ogni singolo ingrediente e per il suo contributo al piatto finale.

Ritualità del Pasto

Infine, l'alimentazione Zen incoraggia a trattare ogni pasto come un rituale sacro, un'opportunità di connessione non solo con il cibo ma anche con se stessi e l'ambiente circostante. Questo può significare preparare il cibo con intenzione, apparecchiare la tavola in modo semplice ma bello, e prendersi un momento prima di mangiare per esprimere gratitudine per il nutrimento offerto. Questi atti rituali arricchiscono l'esperienza del pasto, elevandolo da una mera necessità fisica a un momento di celebrazione e riconnessione spirituale.

Adottando la semplicità e la consapevolezza nel nostro approccio all'alimentazione, possiamo trasformare ogni pasto in un'esperienza che nutre non solo il corpo ma anche la mente e lo spirito, in linea con i principi profondi del Minimalismo Zen.

5.3 Decluttering della dieta: eliminare ciò che non nutre

Nel percorso verso un'esistenza più intenzionale e minimalista, estendiamo i principi del Minimalismo Zen alla nostra alimentazione, focalizzandoci in particolare sul concetto di "decluttering" della dieta. Questo processo va oltre la semplice riduzione del numero di cibi consumati; si tratta piuttosto di un'esplorazione consapevole delle nostre abitudini alimentari, eliminando ciò che non nutre veramente il nostro corpo, la nostra mente e il nostro spirito, per fare spazio a cibi che promuovono la nostra salute e il nostro benessere generale.

Identificazione delle "Sovrabbondanze" Alimentari

Il primo passo nel decluttering della dieta è identificare gli "eccessi" alimentari. Questi possono variare da cibi ultra-processati, ricchi di zuccheri aggiunti, grassi non salutari e additivi, a cibi che, pur essendo considerati salutari, potrebbero non essere in sintonia con le esigenze specifiche del nostro corpo. Questo processo richiede una riflessione onesta e personale sulle nostre scelte alimentari e sul loro impatto sul nostro benessere.

Ascolto del Corpo

Una componente cruciale del decluttering della dieta è imparare ad ascoltare e interpretare i segnali del proprio corpo. Spesso, il corpo comunica ciò di cui ha bisogno e ciò che gli nuoce attraverso segnali come l'energia, la digestione, il sonno e le reazioni emotive dopo aver mangiato certi cibi. Prestare attenzione a questi segnali può guidarci verso una dieta più pulita e personalizzata che supporti veramente la nostra salute.

Semplicità nella Scelta degli Alimenti

La semplicità è un pilastro del Minimalismo Zen, e applicarla alla nostra dieta significa ritornare alle basi dell'alimentazione. Questo implica privilegiare cibi integrali e minimamente processati: frutta, verdura, cereali integrali, legumi, noci e semi. Questi alimenti, nella loro forma più pura, offrono una ricchezza di nutrienti essenziali senza il "rumore" degli ingredienti superflui che caratterizzano molti prodotti alimentari moderni.

Mindfulness Alimentare

Integrare la mindfulness nel modo in cui ci approcciamo al cibo ci aiuta a fare scelte più consapevoli. Questo significa mangiare con attenzione, prestando piena attenzione alle sensazioni di fame e sazietà, al piacere derivante dai sapori e alle reazioni emotive che l'alimentazione può suscitare. Mangiare lentamente e senza distrazioni permette non solo una migliore digestione, ma anche un apprezzamento più profondo del nutrimento che stiamo ricevendo.

Intenzionalità e Gratitudine

Ogni scelta alimentare può essere un atto di intenzionalità, riflettendo i nostri valori più profondi e il nostro impegno per il benessere. Prendere decisioni alimentari consapevoli, che tengano conto dell'origine del cibo, del suo impatto ambientale e della sua capacità di nutrire davvero, ci permette di vivere in maggiore armonia con noi stessi e con il mondo intorno a noi. Esprimere gratitudine per il cibo che abbiamo la fortuna di consumare rafforza questa connessione, rendendo ogni pasto un momento di riflessione e apprezzamento.

Il decluttering della dieta attraverso il Minimalismo Zen non è un percorso di privazione, ma un invito a nutrire il nostro essere più profondo con cibi che rispecchiano i nostri valori di semplicità, salute e consapevolezza. In questo modo, l'alimentazione diventa non solo un mezzo per mantenere il corpo, ma anche una pratica spirituale che arricchisce la nostra vita in ogni suo aspetto.

5.4 Ricette minimaliste per il benessere

Creare ricette minimaliste per il benessere significa concentrarsi su ingredienti puri, processi di preparazione semplici e nutrimento olistico. Ecco 15 ricette che incarnano questi principi, ciascuna progettata per essere sia nutriente che semplice da preparare.

1. Insalata Mediterranea di Quinoa

Ingredienti:

- 1 tazza di quinoa, sciacquata
- 2 tazze d'acqua
- 1 cetriolo, tagliato a dadini
- 1 pomodoro, tagliato a dadini
- 1/4 di tazza di olive, denocciolate e tagliate
- 1/4 di tazza di feta sbriciolata
- Succo di 1 limone
- 2 cucchiai di olio d'oliva extra vergine
- Sale e pepe nero a piacere

Preparazione:

Cuoci la quinoa nell'acqua fino a che non assorbe tutto il liquido e lasciala raffreddare.

In una grande ciotola, unisci la quinoa raffreddata, cetriolo, pomodoro e olive.

Condisci con il succo di limone, olio d'oliva, sale e pepe.

Aggiungi la feta sbriciolata prima di servire.

2. Zuppa di Lenticchie al Pomodoro

Ingredienti:

- 1 tazza di lenticchie rosse, sciacquate
- 4 tazze di brodo vegetale
- 1 latta di pomodori pelati
- 1 cipolla, tritata finemente
- 2 spicchi d'aglio, tritati
- 1 cucchiaino di cumino in polvere
- Sale e pepe a piacere
- Un pizzico di peperoncino in fiocchi (opzionale)

Preparazione:

In una pentola grande, soffriggi cipolla e aglio fino a che non diventano trasparenti.

Aggiungi le lenticchie, i pomodori e il brodo vegetale.

Porta a ebollizione, poi riduci il calore e lascia sobbollire fino a che le lenticchie non sono tenere.

Condisci con cumino, sale, pepe e peperoncino.

Servi calda.

3. Buddha Bowl con Tofu

Ingredienti:

- 200g di tofu, tagliato a cubetti
- 1 tazza di riso integrale, cotto
- 1 carota, tagliata a julienne
- 1/2 avocado affettato
- 1/2 tazza di cavolo rosso, affettato sottile
- 2 cucchiai di salsa di soia
- 1 cucchiaio di olio di sesamo
- Semi di sesamo per guarnire

Preparazione:

In una padella, cuoci il tofu con olio di sesamo fino a doratura.

In ciotole individuali, disponi una base di riso integrale.

Aggiungi carota, avocado, cavolo rosso e tofu sopra il riso.

Irrora con salsa di soia e guarnisci con semi di sesamo.

4. Insalata di Farro con Pomodori e Rucola

Ingredienti:

- 1 tazza di farro, cotto e raffreddato
- 1 tazza di pomodorini, tagliati a metà
- 2 tazze di rucola fresca
- 1/4 di tazza di scaglie di parmigiano
- 2 cucchiai di olio d'oliva extra vergine
- Succo di 1 limone
- Sale e pepe a piacere

Preparazione:

In una grande ciotola, mescola il farro con i pomodorini e la rucola.

Condisci con olio d'oliva, succo di limone, sale e pepe.

Aggiungi le scaglie di parmigiano prima di servire.

5. Zuppa di Carote e Zenzero

Ingredienti:

- 500g di carote, tagliate a rondelle
- 1 pezzo di zenzero fresco, circa 2 cm, grattugiato
- 1 cipolla, tritata
- 4 tazze di brodo vegetale (metti a bollire 1 lt d'acqua con sedano, carota e cipolla tagliate a pezzi)
- 1 cucchiaio di olio d'oliva
- Semi di zucca
- Sale e pepe a piacere

Preparazione:

In una pentola, soffriggi la cipolla nell'olio d'oliva fino a che non diventa trasparente.

Aggiungi le carote, lo zenzero e il brodo vegetale.

Cuoci a fuoco medio fino a che le carote non sono tenere.

Frulla la zuppa fino ad ottenere una consistenza liscia. Condisci con sale e pepe e aggiungi i semi di zucca come guarnizione.

6. Risotto di Funghi

Ingredienti:

- 1 tazza di riso Arborio
- 2 tazze di funghi a scelta, affettati
- 1 cipolla piccola, tritata
- 4 tazze di brodo vegetale caldo
- 1/4 di tazza di vino bianco (opzionale)
- 2 cucchiai di olio d'oliva
- Sale e pepe a piacere
- Prezzemolo tritato per guarnire

Preparazione:

In una larga padella, soffriggi la cipolla nell'olio d'oliva fino a che non è trasparente.

Aggiungi il riso e tostalo leggermente, poi sfuma con il vino bianco o birra.

Aggiungi i funghi e inizia ad aggiungere il brodo un mestolo alla volta, lasciando che il riso assorba il liquido prima di aggiungerne dell'altro.

Continua fino a che il riso è cremoso e al dente. Condisci con sale e pepe.

Servi il risotto guarnito con prezzemolo tritato.

7. Sformato di Verdure al Forno

Ingredienti:

- 2 zucchine, affettate sottilmente
- 2 carote, affettate sottilmente
- 1 melanzana, affettata sottilmente
- 2 pomodori, affettati sottilmente
- 2 cucchiai di olio d'oliva
- Sale e pepe a piacere
- Timo fresco o secco per guarnire

Preparazione:

Pre-riscalda il forno a 180°C.

Disponi le verdure in una pirofila, alternando gli strati e condendo ogni strato con sale, pepe e un filo d'olio.

Cuoci in forno per 40-45 minuti, fino a che le verdure non sono tenere.

Guarnisci con timo prima di servire.

8. Sopa de Ajo Spagnola

Ingredienti:

- 4 spicchi d'aglio, affettati sottilmente
- 4 tazze di brodo vegetale
- 1 cucchiaino di paprika affumicata
- 4 fette di pane integrale, tostate
- 2 cucchiai di olio d'oliva extra vergine
- Sale e pepe a piacere

Preparazione:

In una pentola media, riscalda l'olio d'oliva e soffriggi l'aglio affettato fino a che non diventa dorato.

Aggiungi la paprika e mescola rapidamente per evitare che bruci.

Versa il brodo e porta a leggera ebollizione.

Riduci il fuoco e lascia sobbollire per circa 10 minuti. Regola di sale e pepe.

Servi la zuppa calda con una fetta di pane tostato in ciascun piatto.

9. Mousse di Avocado e Cacao

Ingredienti:

- 2 avocado maturi (togli la buccia)
- 1/4 di tazza di cacao in polvere
- 1/4 di tazza di miele o sciroppo d'acero
- 1/2 cucchiaino di estratto di vaniglia
- Un pizzico di sale

Preparazione:

Svuota gli avocado nel frullatore, aggiungendo il cacao in polvere, il dolcificante scelto, la vaniglia e il sale.

Frulla fino ad ottenere una consistenza liscia e cremosa.

Dividi la mousse in coppette e lascia raffreddare in frigorifero per almeno un'ora prima di servire.

10. Cavolfiore Arrosto con Curcuma e Rosmarino

Ingredienti:

- 1 cavolfiore intero, tagliato in cimette
- 2 cucchiai di olio d'oliva extra vergine
- 1 cucchiaino di curcuma in polvere
- 2 cucchiai di rosmarino fresco
- Sale e pepe nero a piacere

Preparazione:

Pre-riscalda il forno a 200°C.

In una ciotola grande, unisci le cimette di cavolfiore con l'olio d'oliva, la curcuma, il rosmarino tritato, sale e pepe.

Disponi le cimette condite su una teglia foderata con carta forno in un singolo strato.

Arrostisci nel forno per 25-30 minuti, fino a quando le cimette sono dorate e tenere.

Servi caldo come contorno o come piatto principale leggero.

11. Crostini con Pesto di Basilico

Ingredienti:

- 4 fette di pane casereccio
- 1 mazzo di basilico fresco
- 2 cucchiai di pinoli
- 50g di parmigiano grattugiato
- Olio extravergine di oliva
- Sale q.b.

Preparazione:

Frulla il basilico, i pinoli, il parmigiano, olio e sale per fare il pesto.

Tosta il pane e spalma il pesto sui crostini.

12. Gnocchi al Burro e Salvia

Ingredienti:

- 400g di gnocchi di patate
- 50g di burro
- Foglie di salvia fresca
- Parmigiano grattugiato q.b.
- Sale q.b.

Preparazione:

Cuoci gli gnocchi in acqua salata.

In una padella, sciogli il burro e aggiungi la salvia fino a che non diventa croccante.

Scola gli gnocchi, saltali nel burro e salvia.

Servi con parmigiano.

13. Pancake di Banana

Ingredienti:

- 1 banana matura
- 2 uova
- 1 pizzico di bicarbonato

Preparazione:

Frulla la banana con le uova e il bicarbonato fino ad ottenere un composto omogeneo.

Cuoci piccole porzioni in una padella antiaderente fino a doratura di entrambi i lati.

14. Involtini di Melanzane alla Parmigiana

Ingredienti:

- 2 melanzane grandi, affettate longitudinalmente
- 300g di passata di pomodoro
- 200g di mozzarella, tagliata a fette
- Parmigiano grattugiato q.b.
- Basilico
- sale e olio extravergine di oliva

Preparazione:

Griglia le fette di melanzane.

Su ogni fetta, disponi una fetta di mozzarella, un cucchiaio di passata, una foglia di basilico, arrotola.

Disponi gli involtini in una teglia, copri con passata, parmigiano e cuoci a 180°C per 20 minuti.

15. Lasagne Vegetariane al Forno

Ingredienti:

- 12 fogli di lasagna precotta
- 2 zucchine, affettate sottilmente
- 1 melanzana, affettata sottilmente

- 200g di spinaci freschi
- 400g di passata di pomodoro
- 250g di ricotta
- 200g di mozzarella, tagliata a dadini
- 50g di parmigiano grattugiato
- Olio extravergine di oliva, sale e pepe q.b.

Preparazione:

Soffriggi le zucchine e le melanzane in padella con olio.

In una teglia, alterna strati di lasagna, verdure, spinaci, ricotta, passata di pomodoro e mozzarella.

Termina con parmigiano e cuoci in forno a 180°C per 40 minuti.

Queste ricette aggiuntive offrono una varietà di opzioni per integrare pratiche alimentari minimaliste , promuovendo un'esperienza culinaria che nutre corpo, mente e spirito con semplicità, salute e consapevolezza.

5.5 Creare Rituali di Pasto Zen

Nel contesto del Minimalismo Zen applicato all'alimentazione, l'introduzione di rituali di pasto Zen può trasformare l'atto di mangiare da una mera necessità fisica a un'esperienza arricchente che nutre mente, corpo e spirito. Questi rituali, con le loro radici nella tradizione Zen, enfatizzano la presenza, la consapevolezza, la gratitudine e la connessione, invitandoci a riscoprire il sacro nell'ordinario e a celebrare ogni pasto come un atto di gioia e comunione.

Preparazione Intenzionale del Cibo

Il primo rituale inizia con la preparazione del cibo. Questo processo è visto non come un compito, ma come una pratica meditativa. Pulire, tagliare e cucinare gli ingredienti con piena attenzione e rispetto trasforma la cucina in un luogo di presenza e creatività. L'atto di preparare il cibo diventa un'espressione di cura per sé stessi e per gli altri, un momento per rallentare e connettersi con l'origine e la natura degli alimenti che nutriranno il nostro corpo.

Creazione di uno Spazio Sacro per il Pasto

Prima di mangiare, dedicare un momento a creare uno spazio fisico e mentale sacro per il pasto può aumentare significativamente la qualità dell'esperienza alimentare. Questo può includere la pulizia e l'organizzazione del luogo in cui si consumerà il pasto, l'apparecchiatura della tavola in modo semplice ma bello, e forse l'accensione di una candela o l'offerta di un piccolo fiore o oggetto naturale come centro tavola. Questi gesti simbolici segnano il passaggio a uno spazio e a un tempo dedicati, dove il pasto può essere consumato con tranquillità e attenzione.

Momento di Silenzio e Centramento

Prima di iniziare a mangiare, concedersi un breve momento di silenzio per centrarsi può essere incredibilmente potente. Questo può includere alcuni respiri profondi, un momento di meditazione o una breve lettura di un pensiero o una poesia che riecheggia i principi Zen. Questa pausa consente di lasciar andare le distrazioni e le preoccupazioni del giorno, portando la mente e il cuore nel qui e ora, pronti a ricevere il nutrimento con gratitudine.

Benedizione o Espressione di Gratitudine

Esprimere gratitudine per il cibo che stiamo per consumare è un aspetto centrale dei rituali di pasto Zen. Questo può assumere la forma di una breve benedizione, un ringraziamento agli elementi naturali che hanno contribuito al pasto, o un riconoscimento delle mani che hanno lavorato per portare il cibo alla tavola. Questo atto di gratitudine amplifica la consapevolezza dell'interconnessione di tutte le cose e del dono del nutrimento.

Mangiare in Presenza e con Consapevolezza

Durante il pasto, il mantenimento della consapevolezza e

della presenza continua a essere centrale. Ciò significa mangiare lentamente, masticando bene ogni boccone, e rimanendo consapevoli delle sensazioni fisiche, dei sapori, degli aromi e delle texture. Questo approccio non solo migliora la digestione e l'assorbimento dei nutrienti, ma trasforma anche il pasto in un'esperienza sensoriale completa, dove ogni boccone è un'opportunità di connessione e gioia.

Chiusura e Riflessione

Concludere il pasto con un momento di riflessione consente di riconoscere e integrare l'esperienza appena vissuta. Può essere utile riflettere sul pasto, sui sapori e sulle sensazioni provate, oltre che sul senso di sazietà e soddisfazione. Questo momento di chiusura suggella il rituale, permettendoci di portare la pace e la presenza coltivate durante il pasto nel resto della nostra giornata.

Incorporando questi rituali di pasto Zen nella nostra routine quotidiana, possiamo elevare l'atto di mangiare a una pratica spirituale che nutre e arricchisce ogni aspetto del nostro essere, in perfetta armonia con i principi del Minimalismo Zen.

CAPITOLO 6

Minimalismo nelle Finanze

6.1 Gestire le finanze con una mentalità minimalista

Nel capitolo dedicato al Minimalismo nelle Finanze, il punto 6.1 gioca un ruolo cruciale. Gestire le finanze con una mentalità minimalista non è solo una questione di ridurre le spese o i debiti, ma riguarda l'adozione di un approccio più consapevole e intenzionale verso il denaro e ciò che esso rappresenta nella nostra vita. Esaminiamo come applicare i principi del Minimalismo Zen alla gestione delle finanze personali, promuovendo non solo la salute finanziaria, ma anche l'equilibrio e la soddisfazione nelle altre aree della vita.

Riflessione sui Valori Fondamentali

La gestione finanziaria minimalista inizia con una profonda riflessione sui propri valori fondamentali. Cosa è veramente importante per te? Quali aspetti della tua vita ti portano gioia e soddisfazione? Comprendere ciò che valorizzi ti aiuta a orientare le tue risorse finanziarie verso esperienze e beni che arricchiscono veramente la tua vita, piuttosto che sprecarle in acquisti impulsivi o in cose che non aggiungono valore.

Semplicità nelle Spese

Adottare un approccio minimalista alle spese significa semplificare i propri impegni finanziari. Questo può comportare la riduzione delle spese ricorrenti non essenziali, la valutazione critica di abbonamenti e servizi, e l'adozione di uno stile di vita che privilegia la qualità alla quantità. Quando acquisti, chiediti: "Questo oggetto o servizio sostiene i miei valori fondamentali? Mi porterà una gioia duratura o solo una soddisfazione momentanea?"

Decluttering Finanziario

Proprio come declutteriamo la nostra casa, possiamo declutterare le nostre finanze. Questo può includere la consolidazione dei debiti, la chiusura di conti bancari o carte di credito inutilizzati e la semplificazione degli investimenti. Un sistema finanziario più snello è più facile da gestire e monitorare, riducendo lo stress e aumentando la nostra sensazione di controllo sulle nostre risorse.

Consumo Consapevole

Il Minimalismo Zen incoraggia un consumo consapevole, che si riflette nella nostra gestione finanziaria. Prima di effettuare un acquisto, considera il suo impatto a lungo termine sulla tua vita e sull'ambiente. Questo non solo aiuta a ridurre gli sprechi e a sostenere pratiche sostenibili, ma promuove anche un maggior apprezzamento per ciò che possediamo già.

Investire in Esperienze

Numerosi studi hanno dimostrato che le esperienze portano a una maggiore felicità e soddisfazione rispetto ai beni materiali. Di conseguenza, reindirizzare le risorse finanziarie da acquisti materiali a esperienze come viaggi, corsi di formazione o attività che favoriscono la crescita personale può arricchire significativamente la nostra vita, in linea con i principi del Minimalismo Zen.

Risparmio Intenzionale

Infine, il risparmio non è solo una questione di mettere da parte denaro per il futuro, ma di creare uno spazio di sicurezza che supporti la nostra tranquillità e i nostri obiettivi a lungo termine. Risparmiare con intenzione significa avere piani chiari per il futuro, sia che si tratti di un fondo di emergenza, di obiettivi di pensionamento o di investimenti in progetti personali o comunitari che riflettano i nostri valori più profondi.

Attraverso l'applicazione di questi principi, possiamo trasformare la nostra gestione finanziaria in una pratica consapevole che sostiene il nostro benessere complessivo e riflette i nostri valori più autentici, in perfetta armonia con lo spirito del Minimalismo Zen.

6.2 Strategie per ridurre i debiti e gli sprechi

Nel contesto del Minimalismo Zen applicato alle finanze, il punto 6.2 si concentra sulle strategie pratiche per ridurre i debiti e minimizzare gli sprechi finanziari, aspetti fondamentali per raggiungere la libertà e la serenità finanziaria. Questo approccio non si limita solo a una gestione più efficiente delle risorse, ma promuove anche uno stile di vita che riflette i valori di semplicità, consapevolezza e intenzionalità.

Valutazione Completa dei Debiti

Il primo passo per ridurre i debiti è comprenderne l'entità e la natura. Questo richiede un'analisi dettagliata di tutti i debiti accumulati, inclusi prestiti, mutui, debiti di carte di credito e altri impegni finanziari. Catalogare i debiti per tasso di interesse e saldo dovuto fornisce una chiara panoramica della situazione, permettendo di prioritizzare il rimborso in base al costo del debito o alla dimensione del saldo.

Strategia di Rimborso Mirato

Una volta valutati i debiti, l'adozione di una strategia di rimborso mirata diventa cruciale. Metodi come il "debt snowball" (concentrarsi prima sui debiti più piccoli per ottenere vittorie rapide) o il "debt avalanche" (concentrarsi sui debiti con il tasso di interesse più alto) possono essere efficaci. La scelta della strategia dipende dalle preferenze personali e dalla situazione finanziaria, ma l'obiettivo è lo stesso: ridurre e infine eliminare il debito.

Bilancio e Pianificazione Finanziaria

Creare un bilancio che tenga conto di tutte le entrate e uscite è fondamentale per evitare nuovi debiti e gestire efficacemente i soldi. Questo bilancio dovrebbe riflettere non solo le necessità e gli impegni finanziari, ma anche i valori e gli obiettivi personali. La pianificazione finanziaria, inclusa la creazione di un fondo di emergenza, aiuta a prevenire il ricorso al debito in situazioni impreviste.

Minimizzare gli Sprechi Finanziari

Il Minimalismo Zen incoraggia a esaminare attentamente le abitudini di spesa per identificare e eliminare gli sprechi finanziari. Questo può includere abbonamenti inutilizzati, spese impulsive, o il pagamento di premi per servizi o beni che non aggiungono valore significativo alla vita. Rivedere periodicamente le spese e chiedersi se riflettono i propri valori può portare a una maggiore efficienza finanziaria e a una riduzione degli sprechi.

Consumo Consapevole e Sostenibile

Adottare un approccio consapevole al consumo non solo riduce gli sprechi finanziari, ma promuove anche uno stile di vita più sostenibile. Prima di effettuare un acquisto, considerare la sua necessità, il valore a lungo termine e l'impatto ambientale. Preferire la qualità alla quantità e supportare aziende e prodotti etici ed ecosostenibili allinea le pratiche di consumo con i principi del Minimalismo Zen.

Educazione e Crescita Finanziaria

Infine, dedicare tempo all'educazione finanziaria è un investimento nel proprio benessere futuro. Comprendere i fondamenti della gestione finanziaria, degli investimenti e della pianificazione del risparmio permette di prendere decisioni informate e di costruire una solida base finanziaria. La crescita finanziaria, guidata dai principi del Minimalismo Zen, si concentra su investimenti che riflettono i propri valori e contribuiscono a una vita più ricca e significativa.

Attraverso l'applicazione di queste strategie, possiamo affrontare attivamente i debiti e ridurre gli sprechi, muovendoci verso una libertà finanziaria che supporta uno stile di vita minimalista e consapevole, in piena armonia con i principi del Minimalismo Zen.

6.3 Investire con intenzione

Nel contesto del Minimalismo Zen, il punto 6.3 si concentra sull'investire con intenzione, un principio che va oltre la semplice crescita del patrimonio personale per abbracciare un approccio agli investimenti che sia in armonia con i valori personali, l'equilibrio di vita e il benessere generale. Questo approccio richiede una riflessione profonda sul significato del denaro, sugli obiettivi a lungo termine e su come le scelte di investimento possono riflettere e sostenere uno stile di vita minimalista e consapevole.

Definizione degli Obiettivi di Vita

Prima di prendere qualsiasi decisione di investimento, è fondamentale chiarire i propri obiettivi di vita a lungo termine. Questi possono includere la sicurezza finanziaria, l'indipendenza, il sostegno alla famiglia, la pensione, i contributi alla comunità o la realizzazione personale. Gli investimenti dovrebbero essere un mezzo per raggiungere questi obiettivi, non solo un fine per aumentare la ricchezza materiale.

Allineamento degli Investimenti ai Valori Personali

Investire con intenzione significa scegliere investimenti che riflettano i propri valori etici e personali. Questo può includere l'investimento in aziende che promuovono la sostenibilità ambientale, la giustizia sociale, o l'innovazione in settori che si ritengono importanti. Attraverso gli investimenti socialmente responsabili (SRI) o gli investimenti a impatto, si può contribuire a un cambiamento positivo, allineando le proprie finanze con i principi del Minimalismo Zen.

Semplicità negli Investimenti

Il Minimalismo Zen suggerisce anche una semplificazione della strategia di investimento. Ciò può significare optare per fondi indicizzati o ETF a basso costo che offrono una diversificazione senza la necessità di un'intensa ricerca o gestione attiva. Questo approccio riduce la complessità e il tempo necessario per gestire gli investimenti, permettendo di concentrarsi su altre aree della vita che richiedono attenzione e cura.

Approccio a Lungo Termine

La pazienza e la visione a lungo termine sono essenziali nell'investire con intenzione. Invece di inseguire rendimenti rapidi o reagire eccessivamente alle fluttuazioni di mercato a breve termine, un approccio minimalista agli investimenti si concentra sulla crescita sostenuta nel tempo. Questo richiede disciplina e un impegno a mantenere la propria strategia di investimento, anche di fronte alle inevitabili incertezze dei mercati finanziari.

Mindfulness nei Momenti di Scelta

Ogni decisione di investimento dovrebbe essere presa con mindfulness, considerando attentamente le implicazioni a lungo termine e valutando se l'investimento è in armonia con gli obiettivi e i valori personali. Questo processo di decisione consapevole aiuta a evitare scelte impulsive guidate da emozioni come la paura o l'avidità, che possono allontanarci dai nostri obiettivi finanziari e di vita.

Equilibrio e Diversificazione

Infine, mantenere un equilibrio e una diversificazione nel portafoglio di investimenti è fondamentale per gestire il rischio e perseguire una crescita stabile. Questo non solo si allinea con il principio minimalista di non mettere "tutte le uova nello stesso paniere", ma promuove anche un approccio più sereno e bilanciato agli investimenti, riducendo lo stress e aumentando la resilienza finanziaria.

Investire con intenzione nel contesto del Minimalismo Zen non è solo una questione di crescita finanziaria, ma un'espressione di un modo di vivere consapevole e intenzionale, dove ogni scelta di investimento riflette e sostiene un impegno verso valori, obiettivi e uno stile di vita autentico.

6.4 Minimalismo nel consumo: comprare meno ma meglio

Nel contesto del Minimalismo Zen, il punto 6.4 esplora il concetto di minimalismo nel consumo, enfatizzando l'importanza di fare acquisti più consapevoli e intenzionali. Questo approccio non si limita semplicemente a ridurre la quantità di ciò che acquistiamo, ma ci invita anche a riflettere sulla qualità, sulla durata e sull'impatto a lungo termine dei nostri acquisti, sia per noi stessi che per il mondo che ci circonda. Vediamo come possiamo applicare questo principio per promuovere una vita più equilibrata e sostenibile.

Riflessione prima dell'Acquisto

Prima di ogni acquisto, prenditi un momento per riflettere: "Ne ho veramente bisogno?" Questa semplice domanda può aiutarci a distinguere tra desideri effimeri e bisogni reali. Considera se l'oggetto in questione aggiungerà valore alla tua vita o se soddisfa un bisogno genuino. Questa pausa riflessiva può prevenire acquisti impulsivi e non necessari, riducendo così l'accumulo di oggetti non utilizzati e lo spreco di risorse.

Qualità sopra la Quantità

Quando decidi di fare un acquisto, opta per la qualità piuttosto che per la quantità. Gli oggetti di alta qualità tendono a durare più a lungo, riducendo la necessità di sostituzioni frequenti e diminuendo l'impatto ambientale nel lungo termine. Questo non solo è più sostenibile, ma promuove anche un maggiore apprezzamento per ciò che possediamo, in linea con i valori del Minimalismo Zen.

Sostenibilità e Impatto Etico

Considera l'impatto ambientale ed etico dei tuoi acquisti. Scegliere prodotti realizzati in modo sostenibile, da aziende che praticano la responsabilità sociale d'impresa, riflette un impegno verso la cura del pianeta e il benessere delle comunità. Questo approccio consapevole al consumo supporta un sistema economico più giusto e sostenibile, allineandosi con i principi di interconnessione e rispetto del Minimalismo Zen.

Minimalismo Digitale nei Consumi

Il minimalismo nel consumo si estende anche all'ambito digitale. Prima di sottoscrivere nuovi abbonamenti, scaricare app o acquistare beni digitali, valuta se queste aggiunte digitali arricchiranno realmente la tua vita o se contribuiranno soltanto al sovraccarico informativo. Scegliere consapevolmente i contenuti digitali può aiutare a mantenere uno spazio digitale più chiaro e focalizzato.

Riparare e Riciclare

Prima di sostituire un oggetto danneggiato, considera se può essere riparato. Questo non solo è spesso più economico, ma riduce anche i rifiuti e promuove un approccio più sostenibile al consumo. Inoltre, donare o riciclare oggetti che non usi più può estendere la loro vita utile e beneficiare altri, riducendo ulteriormente lo spreco.

Esperienze oltre ai Beni Materiali

Infine, investire in esperienze piuttosto che in beni materiali può portare a una maggiore soddisfazione e felicità a lungo termine. Viaggi, corsi di formazione, attività culturali e momenti condivisi con amici e familiari arricchiscono la nostra vita in modi che gli oggetti materiali non possono eguagliare, promuovendo ricordi e legami significativi che durano nel tempo.

Adottando questi principi di minimalismo nel consumo, possiamo vivere in modo più intenzionale e sostenibile, facendo scelte che riflettono i nostri valori più profondi e contribuendo a una maggiore armonia con noi stessi e con il mondo che ci circonda.

6.5 Libertà finanziaria attraverso il minimalismo

Il punto 6.5 del libro "Minimalismo Zen: la via della semplicità e della serenità" si concentra sulla conquista della libertà finanziaria attraverso i principi del minimalismo. Questo obiettivo va oltre la semplice gestione del denaro o la riduzione dei debiti, toccando il cuore di ciò che significa vivere una vita guidata da valori profondi, soddisfazione personale e intenzionalità. Esploriamo come il minimalismo può fungere da ponte verso una libertà finanziaria che arricchisce non solo il portafoglio, ma anche l'anima.

Ridefinizione della Ricchezza

La libertà finanziaria inizia con una riconsiderazione di cosa significhi veramente essere "ricchi". Nel contesto del Minimalismo Zen, la ricchezza non è misurata solo in termini monetari, ma anche nella ricchezza delle esperienze, nella qualità delle relazioni e nella pace interiore. Valutare la propria vita in base a questi parametri può portare a una comprensione più profonda di ciò che realmente contribuisce alla nostra felicità e soddisfazione.

Riduzione e Semplificazione delle Spese

Il percorso verso la libertà finanziaria richiede una rigorosa valutazione e riduzione delle spese non essenziali. Questo non significa vivere in privazione, ma scegliere con cura dove dirigere le proprie risorse finanziarie per riflettere ciò che è veramente importante. Spesso, ciò comporta la semplificazione dello stile di vita, eliminando il superfluo e concentrandosi su ciò che aggiunge valore autentico alla nostra esistenza.

Investire in Sé Stessi

Un aspetto cruciale della libertà finanziaria è l'investimento in sé stessi. Questo può includere l'istruzione, lo sviluppo personale, il benessere fisico e mentale e la costruzione di competenze che non solo possono aumentare il potenziale di guadagno, ma anche arricchire la vita in modi non quantificabili monetariamente. Vedere sé stessi come il più prezioso "asset" su cui investire è fondamentale per una vita minimalista ricca e appagante.

Creazione di Fonti di Reddito Passive

La libertà finanziaria spesso richiede più di un semplice

salario da dipendente. Esplorare e sviluppare fonti di reddito passive o semi-passive, che generano entrate senza un coinvolgimento attivo costante, può offrire una maggiore sicurezza finanziaria e la libertà di dedicare tempo a ciò che conta davvero. Che si tratti di investimenti, di un'attività secondaria o di un progetto creativo, queste fonti di reddito possono essere allineate con i valori e le passioni personali.

Costruzione di un Fondo per la Libertà

Un "fondo per la libertà" è essenzialmente un cuscinetto finanziario che permette di fare scelte di vita basate su desideri e valori, piuttosto che su necessità economiche. Questo fondo, costruito attraverso risparmi e investimenti consapevoli, può offrire la flessibilità di cambiare carriera, prendersi una pausa dal lavoro, o persino ritirarsi presto, fornendo la tranquillità finanziaria per perseguire passioni e interessi.

Minimalismo e Soddisfazione Personale

Infine, la vera libertà finanziaria attraverso il minimalismo si realizza quando si raggiunge un profondo senso di soddisfazione personale con ciò che si ha. Questo stato d'animo, in cui desideri e bisogni sono in equilibrio con le risorse disponibili, porta a una vita di contentezza, dove la gioia non dipende dall'accumulo di beni materiali, ma dalla ricchezza delle esperienze e delle relazioni.

Attraverso l'adozione dei principi del Minimalismo Zen

nella gestione finanziaria, possiamo scoprire una libertà che va oltre la mera indipendenza economica, abbracciando una vita di intenzionalità, soddisfazione e pace interiore.

CAPITOLO 7

Minimalismo nel Lavoro e nella Carriera

7.1 Applicare principi Zen al flusso di lavoro

Nel capitolo dedicato al Minimalismo nel Lavoro e nella Carriera, il punto 7.1 tratta dell'applicazione dei principi Zen al flusso di lavoro. Questo approccio non solo mira a migliorare la produttività e l'efficienza, ma anche a infondere pace, soddisfazione e intenzionalità nelle nostre attività lavorative. Esploriamo come i concetti del Minimalismo Zen possano essere integrati nella nostra vita professionale per creare un ambiente di lavoro più armonioso e realizzazioni più profonde.

Semplicità nel Flusso di Lavoro

La semplicità è alla base del Minimalismo Zen e può essere applicata al flusso di lavoro eliminando il superfluo e concentrandosi sugli aspetti essenziali delle attività lavorative. Questo implica prioritizzare compiti e progetti che hanno il maggiore impatto, riducendo o eliminando quelli che non contribuiscono significativamente agli obiettivi generali.

Una tale semplificazione può portare a una maggiore chiarezza, riducendo lo stress e aumentando la concentrazione sulle attività che realmente importano.

Mindfulness e Presenza nel Lavoro

Integrare la mindfulness nel lavoro significa portare una piena attenzione e presenza a ogni compito che si svolge. Questo comporta evitare la multitasking e dedicarsi completamente a un'attività alla volta, prestando attenzione ai dettagli e mantenendo una consapevolezza del momento presente. Questo stato di presenza non solo migliora la qualità del lavoro svolto, ma può anche trasformare attività routinarie in esperienze meditative e arricchenti.

Spazi di Lavoro Minimalisti

Creare un ambiente di lavoro minimalista, libero da disordine e distrazioni, può avere un impatto significativo sulla produttività e sul benessere mentale. Questo include la fisica organizzazione della scrivania o dell'ufficio, ma si estende anche all'ambiente digitale, come la gestione delle e-mail e dei file. Uno spazio di lavoro ordinato e intenzionale riflette e sostiene un approccio Zen al lavoro, promuovendo la calma e la focalizzazione.

Pausa e Riflessione

Incorporare pause regolari e momenti di riflessione nel flusso di lavoro consente di rinnovare l'energia e di mantenere una prospettiva equilibrata. Questo può includere brevi meditazioni, esercizi di respirazione o semplicemente momenti di silenzio per disconnettersi dal lavoro e riconnettersi con sé stessi. Queste pause possono aiutare a prevenire il burnout, stimolare la creatività e offrire nuove intuizioni sul lavoro in corso.

Comunicazione Intenzionale

Adottare una comunicazione intenzionale e consapevole nel contesto lavorativo può migliorare significativamente le relazioni e l'efficacia della collaborazione. Questo implica ascoltare attivamente, esprimere idee in modo chiaro e rispettoso, e evitare comunicazioni superflue o conflittuali. Una comunicazione ponderata contribuisce a un ambiente di lavoro più armonioso e costruttivo.

Equilibrio e Sostenibilità nel Lavoro

Infine, il Minimalismo Zen ci insegna l'importanza di mantenere un equilibrio sostenibile tra lavoro e vita personale. Questo significa riconoscere i propri limiti, stabilire confini sani e valorizzare il tempo dedicato al riposo e alle attività che nutrono lo spirito. Un approccio equilibrato al lavoro non solo preserva il benessere personale, ma può anche portare a una maggiore soddisfazione e realizzazione professionale nel lungo termine.

Applicando questi principi Zen al nostro flusso di lavoro, possiamo trasformare la nostra esperienza lavorativa, passando da una percezione del lavoro come fonte di stress a una come opportunità di crescita personale, soddisfazione e realizzazione profonda.

7.2 Semplicità e efficienza nella gestione dei progetti

Nel contesto del Minimalismo Zen applicato al lavoro e alla carriera, il punto 7.2 si concentra su come incorporare la semplicità e l'efficienza nella gestione dei progetti. Questo approccio non mira soltanto a migliorare la produttività, ma anche a mantenere la chiarezza mentale e a promuovere un ambiente di lavoro sereno e focalizzato. Esaminiamo come i principi del Minimalismo Zen possano essere applicati per gestire i progetti in modo più efficace, riducendo lo stress e aumentando la soddisfazione nel lavoro.

Definizione Chiara degli Obiettivi

Ogni progetto dovrebbe iniziare con una definizione chiara e concisa degli obiettivi. Questo aiuta a mantenere il focus su ciò che è essenziale, evitando di disperdere energie in attività secondarie o non allineate con il risultato finale desiderato. Gli obiettivi dovrebbero essere specifici, misurabili, raggiungibili, rilevanti e limitati nel tempo (SMART), per garantire che il progetto rimanga centrato e gestibile.

Prioritizzazione e Semplificazione dei Compiti

Una volta definiti gli obiettivi, è cruciale identificare e prioritizzare i compiti che porteranno direttamente al loro conseguimento. Ciò implica una valutazione critica di ogni attività per determinare il suo impatto sull'avanzamento del progetto. Eliminare o delegare compiti che non contribuiscono significativamente agli obiettivi può semplificare il flusso di lavoro e aumentare l'efficienza.

Utilizzo di Strumenti Minimalisti

Nella gestione dei progetti, l'uso di strumenti e software dovrebbe essere guidato dalla funzionalità e dalla semplicità. Strumenti complessi o sovraccarichi di funzionalità non essenziali possono diventare fonti di distrazione e frustrazione. Scegliere strumenti intuitivi e facili da usare, che supportino una gestione efficiente del progetto senza aggiungere complessità inutile, è in linea con i principi del Minimalismo Zen.

Comunicazione Chiara e Diretta

La comunicazione all'interno del team e con gli stakeholder del progetto dovrebbe essere chiara, diretta e priva di ambiguità. Questo riduce il rischio di malintesi e assicura che tutti siano allineati con gli obiettivi e le aspettative del progetto. Le riunioni dovrebbero essere tenute al minimo necessario, con un'agenda chiara e uno scopo definito per garantire che siano produttive e focalizzate.

Revisioni e Adattamenti Regolari

Il minimalismo non significa rigidità, ma piuttosto la capacità di adattarsi con flessibilità quando necessario. Programmare revisioni regolari del progetto permette di valutare i progressi, identificare eventuali ostacoli e apportare gli aggiustamenti necessari. Questo approccio iterativo e adattivo aiuta a mantenere il progetto in linea con gli obiettivi iniziali, pur consentendo la flessibilità di rispondere a cambiamenti e sfide impreviste.

Focus sulla Qualità, non sulla Quantità

Infine, la gestione dei progetti secondo i principi del Minimalismo Zen pone l'accento sulla qualità del lavoro svolto, piuttosto che sulla quantità di attività completate. Questo significa dedicare tempo e attenzione per fare bene ogni compito, anche se ciò comporta rallentare o ridurre il numero di progetti simultanei. Concentrarsi sulla qualità porta a risultati finali più soddisfacenti e durevoli, che rispecchiano l'impegno e la cura investiti nel processo.

Applicando questi principi alla gestione dei progetti, possiamo creare un ambiente di lavoro che valorizza la semplicità, la chiarezza e l'efficienza, in piena armonia con lo spirito del Minimalismo Zen. Questo approccio non solo migliora i risultati dei progetti, ma arricchisce anche la nostra esperienza lavorativa con una maggiore serenità e soddisfazione personale.

7.3 Decluttering della scrivania e dello spazio di lavoro

Nel capitolo dedicato al Minimalismo nel Lavoro e nella Carriera, il punto 7.3 approfondisce l'importanza del decluttering della scrivania e dello spazio di lavoro. Questo processo non solo contribuisce a creare un ambiente fisico più ordinato e funzionale, ma riflette anche i principi del Minimalismo Zen, promuovendo chiarezza mentale, riduzione dello stress e incremento della produttività. Vediamo come il decluttering dello spazio di lavoro possa trasformare l'esperienza lavorativa, allineandola con un approccio di vita più consapevole e intenzionale.

Analisi dello Spazio di Lavoro

Il primo passo nel decluttering dello spazio di lavoro è un'analisi attenta dell'ambiente attuale. Questo implica valutare ogni oggetto presente sulla scrivania e nello spazio circostante, chiedendosi se contribuisce effettivamente alla produttività o se, al contrario, rappresenta una distrazione. Gli oggetti che non sono necessari o non utilizzati frequentemente possono essere rimossi, liberando spazio fisico e mentale.

Definizione di Zone di Lavoro

Organizzare lo spazio di lavoro in zone specifiche per compiti diversi può aiutare a mantenere l'ordine e a migliorare l'efficienza. Ad esempio, si possono designare aree dedicate alla lettura, alla scrittura, al lavoro al computer e alla conservazione dei documenti. Questa segmentazione facilita la transizione tra diverse attività e contribuisce a mantenere la concentrazione e l'ordine.

Minimizzazione degli Oggetti Digitali

Il decluttering dello spazio di lavoro include anche la dimensione digitale. Desktop del computer sovraccarichi, file disordinati e innumerevoli schede aperte nel browser possono essere fonti di distrazione e ansia. Organizzare i file digitali, pulire regolarmente la casella di posta elettronica e chiudere le applicazioni non utilizzate può liberare spazio digitale, migliorando la chiarezza mentale e la produttività.

Oggetti che Ispirano Serenità

Mentre il decluttering implica rimuovere gli oggetti non necessari, è anche importante circondarsi di elementi che ispirano calma e concentrazione. Questo può includere piante, una fonte d'acqua piccola, arte ispiratrice o citazioni motivazionali. Questi oggetti, scelti con cura e posizionati intenzionalmente, possono elevare l'energia dello spazio di lavoro e favorire un'atmosfera Zen.

Routine di Ordine Quotidiano

Mantenere lo spazio di lavoro ordinato richiede un impegno costante. Dedicare alcuni minuti alla fine di ogni giornata lavorativa per riordinare la scrivania, preparare l'ambiente per il giorno successivo e revisionare gli appunti o i compiti pendenti può trasformarsi in una pratica meditativa che segna il passaggio dalla modalità di lavoro al tempo libero, promuovendo un senso di completamento e pace.

Personalizzazione Consapevole

Infine, personalizzare lo spazio di lavoro in modo che rifletta i propri gusti personali e le esigenze lavorative può aumentare il senso di appartenenza e il benessere. Tuttavia, è importante che ogni elemento aggiunto sia scelto con intenzione, evitando di ricadere nell'accumulo di oggetti che potrebbero diventare fonti di distrazione.

Attraverso il decluttering e l'organizzazione consapevole della scrivania e dello spazio di lavoro, possiamo creare un ambiente che non solo facilita la produttività e l'efficienza, ma che rispecchia anche i principi di semplicità, chiarezza e serenità del Minimalismo Zen, contribuendo a una vita lavorativa più equilibrata e soddisfacente.

7.4 Stabilire priorità e obiettivi chiari

Nel contesto del Minimalismo Zen applicato al lavoro e alla carriera, il punto 7.4 enfatizza l'importanza di stabilire priorità e obiettivi chiari per navigare efficacemente nel mondo del lavoro. Questo principio è cruciale non solo per l'ottimizzazione della produttività, ma anche per assicurare che il nostro lavoro sia allineato con i valori personali e contribuisca al nostro benessere complessivo. Esploriamo come l'arte di stabilire priorità e definire obiettivi possa trasformare l'esperienza lavorativa, rendendola più intenzionale e gratificante.

Identificazione dei Valori Fondamentali

Il primo passo per stabilire priorità e obiettivi significativi è l'identificazione dei propri valori fondamentali. Cosa ti motiva veramente? Quali aspetti del tuo lavoro ti danno maggiore soddisfazione? Comprendere i tuoi valori ti aiuterà a definire obiettivi che non solo sono raggiungibili, ma che risuonano con la tua essenza, garantendo che il tuo impegno lavorativo sia fonte di realizzazione personale.

Definizione di Obiettivi SMART

Gli obiettivi lavorativi dovrebbero essere definiti seguendo il criterio SMART: Specifici, Misurabili, Attuabili, Rilevanti e Temporizzati. Questo approccio assicura che ogni obiettivo sia chiaro e focalizzato, con parametri definiti per la misurazione del successo e una scadenza per la realizzazione. Gli obiettivi SMART facilitano la pianificazione e l'azione, riducendo l'ambiguità e aumentando la probabilità di successo.

Prioritizzazione Basata sull'Impatto

Con numerosi compiti e progetti che richiedono la nostra

attenzione, diventa fondamentale prioritizzare basandosi sull'impatto che ogni attività ha sugli obiettivi generali. Tecniche come la Matrice di Eisenhower, che divide i compiti in categorie basate sull'urgenza e sull'importanza, possono aiutare a identificare ciò che necessita attenzione immediata e ciò che può essere delegato o rimandato.

Pianificazione Intenzionale

Una volta definiti gli obiettivi e le priorità, una pianificazione intenzionale e dettagliata diventa essenziale. Ciò include la suddivisione degli obiettivi in compiti gestibili, la stima dei tempi necessari e la programmazione di blocchi di tempo dedicati. Questa organizzazione non solo aiuta a mantenere il focus, ma anche a bilanciare il carico di lavoro, prevenendo il sovraccarico e il burnout.

Revisione e Adattamento Regolari

Il mondo del lavoro è dinamico, e ciò che era prioritario un mese fa potrebbe non esserlo più. Ecco perché è cruciale incorporare revisioni regolari dei propri obiettivi e priorità. Queste sessioni di riflessione permettono di adattarsi ai cambiamenti, riallineando il nostro lavoro con gli obiettivi attuali e mantenendo la flessibilità necessaria per navigare in un ambiente in continua evoluzione.

Equilibrio tra Obiettivi Professionali e Personali

Infine, nel definire priorità e obiettivi, è vitale considerare un equilibrio tra le aspirazioni professionali e le esigenze personali. Gli obiettivi lavorativi non dovrebbero sovrastare gli aspetti personali della vita, ma coesistere in armonia, promuovendo un benessere complessivo. Questo equilibrio è fondamentale per vivere pienamente i principi del Minimalismo Zen, dove il successo è definito non solo dai risultati lavorativi, ma dalla qualità della nostra vita nel suo complesso.

Attraverso la pratica di stabilire priorità e obiettivi chiari, guidati dai principi del Minimalismo Zen, possiamo trasformare il nostro approccio al lavoro, rendendolo più consapevole, focalizzato e allineato con i nostri valori più profondi. Questo non solo migliora la nostra efficienza e soddisfazione professionale, ma arricchisce anche la nostra vita personale, creando una sinergia che sostiene la nostra crescita e realizzazione.

7.5 Equilibrio lavoro-vita personale nel minimalismo

Nel capitolo sul Minimalismo nel Lavoro e nella Carriera, il punto 7.5 si concentra sull'importanza di mantenere un equilibrio tra lavoro e vita personale, un concetto chiave nel Minimalismo Zen. Questo equilibrio non si limita semplicemente a gestire il tempo tra obblighi professionali e impegni personali, ma implica anche trovare una sinergia tra le due sfere che permetta di vivere pienamente e consapevolmente, valorizzando ogni aspetto della vita. Esaminiamo come il Minimalismo Zen possa guidarci verso un equilibrio lavoro-vita personale che promuova benessere, soddisfazione e crescita personale.

Riconoscere l'Importanza di Ogni Sfera

L'equilibrio lavoro-vita inizia con il riconoscimento che entrambe le sfere sono fondamentali per il nostro benessere complessivo. Il lavoro fornisce senso, scopo e i mezzi per sostentarsi, mentre la vita personale arricchisce la nostra esistenza con relazioni, passioni e momenti di riposo. Valorizzare entrambe le sfere e riconoscere il loro contributo unico alla nostra felicità è il primo passo per trovare un equilibrio sostenibile.

Stabilire Confini Chiari

Nell'era della connettività digitale, è facile lasciare che il lavoro invada il tempo personale. Stabilire confini chiari, come orari di lavoro definiti, spazi dedicati al lavoro e alla vita personale, e norme sull'uso della tecnologia, può aiutare a mantenere separati i due mondi. Questi confini non solo proteggono il nostro tempo libero, ma promuovono anche una maggiore presenza e focalizzazione in ogni attività.

Prioritizzazione Intenzionale del Tempo

Il Minimalismo Zen ci insegna a vivere intenzionalmente, il che si estende alla gestione del nostro tempo. Prioritizzare attività che rispecchiano i nostri valori, sia nel lavoro che nella vita personale, assicura che il nostro tempo sia speso in modo significativo. Ciò può significare dedicare tempo a progetti lavorativi che troviamo particolarmente gratificanti o assicurarci di avere spazio per le passioni, gli hobby e le relazioni nella nostra vita personale.

Praticare la Mindfulness in Ogni Aspetto

La mindfulness, o la consapevolezza del momento presente, è un principio cardine del Minimalismo Zen e può essere applicata sia al lavoro che alla vita personale. Essere completamente presenti nelle attività lavorative può aumentare la produttività e la soddisfazione, mentre essere consapevoli nei momenti personali può approfondire le relazioni e arricchire le esperienze. Questa presenza consapevole in ogni aspetto della vita promuove un senso di equilibrio e pienezza.

Accettare e Adattarsi al Cambiamento

La vita è dinamica e l'equilibrio tra lavoro e vita personale può variare nel tempo a seconda delle circostanze. L'accettazione del cambiamento e la flessibilità nel riadattare le nostre priorità e i nostri confini sono essenziali per mantenere un equilibrio sano. Il Minimalismo Zen ci incoraggia a fluire con i cambiamenti della vita, adattando la nostra routine e le nostre aspettative per mantenere l'armonia interiore.

Coltivare la Gratitudine e la Riflessione

Infine, dedicare tempo alla gratitudine e alla riflessione può rafforzare il nostro apprezzamento per l'equilibrio lavoro-vita che stiamo coltivando. Riflettere sui momenti di gioia e di successo in entrambe le sfere e esprimere gratitudine per le opportunità e le persone nella nostra vita arricchisce la nostra esperienza quotidiana e ci aiuta a mantenere una prospettiva positiva e bilanciata.

Attraverso l'applicazione dei principi del Minimalismo Zen, possiamo navigare la complessità del mondo moderno trovando un equilibrio lavoro-vita personale che non solo supporta la nostra produttività e i nostri obiettivi, ma nutre anche il nostro spirito e arricchisce la nostra vita in ogni suo aspetto.

CAPITOLO 8

Pratiche Zen Quotidiane

8.1 Meditazione e mindfulness quotidiana

Nel capitolo dedicato alle Pratiche Zen Quotidiane, il punto 8.1 esplora l'importanza della meditazione e della mindfulness come fondamenti del Minimalismo Zen nella vita quotidiana. Queste pratiche non sono solo tecniche di rilassamento, ma strumenti potenti per coltivare la presenza, la consapevolezza e l'equilibrio interiore, influenzando positivamente ogni aspetto della nostra esistenza. Vediamo come l'integrazione della meditazione e della mindfulness nel quotidiano possa arricchire la nostra vita, promuovendo serenità, chiarezza mentale e una connessione più profonda con il momento presente.

Meditazione: Pratica di Presenza

La meditazione è il cuore della pratica Zen, offrendo uno spazio per connettersi con il sé interiore e osservare la propria mente senza giudizio. Dedicare tempo alla meditazione quotidiana, anche solo per pochi minuti al giorno, può avere effetti trasformativi. Può ridurre lo stress, migliorare la concentrazione, aumentare l'autoconsapevolezza e promuovere un senso di pace interiore. La meditazione non richiede attrezzature elaborate o ore di pratica; iniziare con brevi sessioni di meditazione focalizzata sul respiro può stabilire una solida base per questa pratica trasformativa.

Mindfulness nell'Attimo Presente

La mindfulness, o la consapevolezza piena del momento presente, è un'estensione della pratica meditativa che può essere integrata in tutte le attività quotidiane. Si tratta di prestare attenzione intenzionale alle esperienze, ai pensieri e alle emozioni del momento, senza attaccamento o giudizio. Questo può trasformare attività ordinarie come mangiare, camminare o persino ascoltare, in pratiche meditative, arricchendo la nostra esperienza della vita quotidiana e aumentando il nostro apprezzamento per i semplici piaceri.

Benefici Oltre la Pratica

I benefici della meditazione e della mindfulness si estendono ben oltre i momenti di pratica. Queste tecniche possono migliorare la qualità del sonno, ridurre l'ansia e la depressione, migliorare le relazioni interpersonali e persino aumentare la capacità di affrontare il dolore fisico e emotivo. Con il tempo, la pratica regolare può portare a una trasformazione profonda nel modo in cui percepiamo noi stessi e il mondo che ci circonda, promuovendo una vita più centrata e armoniosa.

Creazione di uno Spazio per la Pratica

Per sostenere una pratica regolare di meditazione e mindfulness, può essere utile creare uno spazio dedicato nella propria abitazione. Questo non deve essere necessariamente un grande spazio o uno studio di meditazione elaborato; anche un piccolo angolo tranquillo, adornato con pochi oggetti che ispirano serenità, può fungere da rifugio personale per la pratica. Avere uno spazio fisico dedicato può aiutare a stabilire e mantenere la routine della pratica.

Integrazione nelle Sfide della Vita

La vera forza della meditazione e della mindfulness si rivela nel modo in cui ci permettono di navigare le sfide della vita. In momenti di stress, conflitto o dolore, tornare alla nostra pratica può offrirci un'ancora di stabilità e chiarezza. Con il tempo, impariamo a rispondere alle difficoltà con maggiore equanimità e compassione, sia verso noi stessi che verso gli altri.

Un Percorso di Crescita Continua

Infine, la meditazione e la mindfulness non sono destinazioni da raggiungere, ma percorsi di crescita continua. Ogni giorno offre nuove opportunità per approfondire la nostra pratica e la nostra comprensione di noi stessi e del mondo. Accogliendo ogni esperienza con curiosità e apertura, possiamo continuare a evolvere lungo il nostro viaggio spirituale.

Integrando la meditazione e la mindfulness nella nostra vita quotidiana, abbracciamo i principi fondamentali del Minimalismo Zen, promuovendo una vita vissuta con intenzionalità, presenza e profonda connessione con il momento presente.

8.2 Esercizi di respirazione Zen

Nel capitolo sulle Pratiche Zen Quotidiane, il punto 8.2 si addentra nell'importanza degli esercizi di respirazione Zen come strumento per promuovere la presenza, la calma e il riequilibrio interiore. Questi esercizi, radicati nella tradizione Zen, non sono solo tecniche di rilassamento, ma veri e propri ponti verso una maggiore consapevolezza e connessione con il sé profondo. Approfondiamo come gli esercizi di respirazione Zen possano essere integrati nella routine quotidiana per arricchire ogni aspetto della nostra vita, portando benefici che vanno ben oltre i momenti di pratica.

La Fondamenta della Respirazione Consapevole

Gli esercizi di respirazione Zen si fondano sul principio della respirazione consapevole, che invita a prestare piena attenzione al ciclo naturale del respiro. Questa pratica semplice ma potente ci aiuta a centrarci nel momento presente, a distaccarci dalle distrazioni e dal tumulto emotivo e a ritrovare un senso di pace interiore. Iniziare o concludere la giornata con alcuni minuti di respirazione consapevole può stabilire un ritmo di calma e presenza che permea tutte le attività.

Tecniche di Respirazione Zen

Esistono diverse tecniche di respirazione Zen, ma una delle più comuni è la respirazione addominale profonda. Questa tecnica incoraggia respiri lenti e profondi, con l'addome che si espande durante l'inspirazione e si contrae durante l'espirazione. Praticare questa forma di respirazione per alcuni minuti al giorno può ridurre significativamente lo stress, migliorare la concentrazione e aumentare l'energia.

Integrazione nella Vita Quotidiana

Gli esercizi di respirazione Zen possono essere integrati in vari momenti della giornata, non solo durante periodi dedicati alla meditazione. Ad esempio, praticare la respirazione consapevole durante una pausa al lavoro, in attesa di un appuntamento, o anche mentre si svolgono compiti domestici, può trasformare momenti ordinari in opportunità di mindfulness e rinnovamento.

Gestione dello Stress e delle Emozioni

Gli esercizi di respirazione Zen sono strumenti efficaci per la gestione dello stress e delle emozioni intense. In momenti di ansia o frustrazione, prendersi un momento per concentrarsi sul respiro può aiutare a dissipare le tensioni, offrendo una via d'uscita dall'impulso reattivo e fornendo lo spazio necessario per rispondere alle situazioni con maggiore chiarezza e calma.

Benefici per la Salute Fisica

Oltre ai benefici psicologici e emotivi, gli esercizi di respirazione Zen hanno effetti positivi anche sulla salute fisica. Possono migliorare la funzione polmonare, abbassare la pressione sanguigna, rafforzare il sistema immunitario e persino influenzare positivamente il sistema nervoso autonomo, contribuendo a un maggiore equilibrio tra la risposta di "lotta o fuga" e lo stato di riposo e digestione.

Pratica Regolare e Progresso

Come per tutte le pratiche Zen, la regolarità è chiave per sperimentare i benefici profondi degli esercizi di respirazione. Stabilire una pratica quotidiana, anche per brevi periodi, può portare a progressi significativi nel tempo. La pazienza e la perseveranza in questa pratica possono aprire la porta a livelli sempre più profondi di consapevolezza e benessere.

Integrando gli esercizi di respirazione Zen nella nostra routine quotidiana, abbracciamo un potente strumento per vivere con maggiore intenzionalità, presenza e pace. Questa pratica, semplice ma trasformativa, ci invita a rallentare, a riconnetterci con il nostro nucleo interiore e a navigare le sfide della vita con grazia e equilibrio.

8.3 Abitudini mattutine e serali minimaliste

Nel contesto del Minimalismo Zen, il punto 8.3 del libro esplora l'importanza delle abitudini mattutine e serali minimaliste come fondamenta per una vita equilibrata e centrata. Queste routine non sono semplicemente sequenze di azioni, ma rituali consapevoli che incorniciano la nostra giornata, offrendoci spazi di intenzionalità e presenza. Approfondiamo come stabilire e mantenere abitudini mattutine e serali minimaliste possa arricchire la nostra vita, promuovendo serenità, chiarezza e benessere.

Creazione di una Routine Mattutina Centrata

Iniziare la giornata con una routine mattutina minimalista può avere un impatto profondo sul tono dell'intera giornata. Questa routine potrebbe includere pratiche come meditazione, esercizi di respirazione, stretching o yoga, e la lettura di qualche pagina di un libro ispiratore. L'obiettivo è svegliarsi non con fretta o ansia, ma con calma e presenza, dedicando i primi momenti della giornata alla riconnessione con sé stessi e con i propri valori fondamentali.

Intenzionalità nella Preparazione

Anche le azioni quotidiane come la preparazione del caffè o la colazione possono diventare pratiche meditative se svolte con intenzionalità e attenzione. Concentrarsi pienamente sull'azione in corso, osservando i sensi e le sensazioni che emergono, trasforma queste semplici attività in momenti di mindfulness, permettendoci di trovare gioia e serenità nelle azioni quotidiane.

Stabilire Priorità per la Giornata

Parte della routine mattutina minimalista dovrebbe includere un momento di riflessione sulle priorità della giornata. Questo non significa sovraccaricare l'agenda, ma piuttosto scegliere intenzionalmente 2-3 compiti o obiettivi chiave che riflettano i propri valori e ciò che si spera di realizzare. Questo aiuta a mantenere il focus e a garantire che le azioni quotidiane siano allineate con gli obiettivi a lungo termine.

Disconnessione Serale e Riflessione

La routine serale minimalista è altrettanto cruciale per chiudere la giornata in modo consapevole e ristorativo. Questo può includere una disconnessione dalla tecnologia per ridurre l'esposizione alla luce blu e ai stimoli digitali, preparando il corpo e la mente per il sonno. Un diario serale di riflessione o gratitudine può aiutare a elaborare gli eventi della giornata, riconoscere i successi e rilasciare le tensioni.

Pratiche di Rilassamento

Includere pratiche di rilassamento come la lettura, il bagno caldo, o ulteriori esercizi di respirazione o meditazione può aiutare a distendere il corpo e la mente, favorendo un sonno riposante. Questi momenti di calma serale sostengono il recupero fisico ed emotivo e preparano l'individuo per la giornata successiva.

Preparazione per il Giorno Successivo

Infine, dedicare alcuni minuti alla preparazione per il giorno successivo, come organizzare l'abbigliamento o pianificare la colazione, può ridurre lo stress mattutino, permettendo di iniziare la giornata con una maggiore serenità e focalizzazione. Questa anticipazione consapevole aiuta a mantenere l'equilibrio tra preparazione e apertura al flusso naturale della vita.

Adottando abitudini mattutine e serali minimaliste, strutturiamo la nostra giornata con pratiche che riflettono e sostengono il nostro impegno verso una vita vissuta con intenzionalità e presenza. Questi rituali quotidiani non solo arricchiscono la nostra esperienza personale di ogni giorno, ma ci radicano profondamente nei principi del Minimalismo Zen, promuovendo un'esistenza equilibrata e piena.

8.4 L'arte di fare meno e ottenere di più

Nel contesto del Minimalismo Zen, il punto 8.4 del libro esplora come l'arte di fare meno possa paradossalmente portarci a ottenere di più nella vita. Questo principio, profondamente radicato nella filosofia Zen, ci invita a riconsiderare le nostre abitudini quotidiane, le nostre priorità e il nostro approccio agli impegni. Esaminiamo come applicare questo concetto per vivere in modo più intenzionale, aumentando la qualità delle nostre azioni e approfondendo la nostra esperienza di vita.

Identificazione dell'Essenziale

La prima fase di questo processo implica un'attenta riflessione su ciò che è veramente essenziale nella nostra vita. Ciò richiede onestà e coraggio per riconoscere che molte delle nostre attività quotidiane potrebbero non contribuire significativamente al nostro benessere o alla realizzazione dei nostri obiettivi più profondi. Identificare ciò che è veramente importante ci permette di liberare tempo e risorse per ciò che arricchisce davvero la nostra esistenza.

Riduzione delle Distrazioni

In un mondo in cui le distrazioni abbondano, fare meno significa anche ridurre consapevolmente gli elementi che distolgono la nostra attenzione da ciò che conta. Questo può includere la limitazione dell'uso dei dispositivi digitali, la riduzione degli impegni sociali non gratificanti e la creazione di uno spazio di lavoro e di vita libero da disordine fisico e mentale. Concentrandoci sulle nostre priorità, possiamo impegnarci più pienamente e profondamente nelle attività che scegliamo di perseguire.

Qualità sopra la Quantità

Fare meno non significa necessariamente compiere meno azioni, ma piuttosto dedicarsi completamente e con qualità alle attività scelte. Questo approccio ci invita a rallentare, a prestare attenzione ai dettagli e a immergerci completamente nell'esperienza del momento. Quando ci concentriamo sulla qualità delle nostre azioni, scopriamo che i risultati possono essere più significativi e duraturi.

Pratica della Presenza

La capacità di essere pienamente presenti in ogni cosa che facciamo è al cuore dell'arte di fare meno per ottenere di più. La presenza porta a una maggiore consapevolezza e apprezzamento per l'attività in corso, che sia lavorare a un progetto, passare del tempo con i propri cari o dedicarsi a un hobby. Questa presenza arricchisce ogni esperienza, rendendola più vivida e soddisfacente.

Ascolto del Corpo e della Mente

Ascoltare i segnali del nostro corpo e della nostra mente è fondamentale in questo processo. Spesso, il sovraccarico di impegni può portare a stress e stanchezza, segnali che è il momento di rallentare e fare meno. Prestare attenzione a questi segnali e agire di conseguenza sostiene la nostra salute fisica ed emotiva, permettendoci di mantenere un equilibrio sano nella nostra vita.

Riconoscimento del Valore del Riposo

Infine, fare meno significa anche riconoscere il valore intrinseco del riposo e del tempo libero. Questi momenti non sono semplicemente pause dalla produttività, ma opportunità vitali per il rinnovamento, la riflessione e la crescita personale. Valorizzare il riposo come parte integrante del processo per ottenere di più ci permette di rigenerarci e di tornare alle nostre attività con rinnovata energia e chiarezza.

Attraverso l'arte di fare meno, impariamo a concentrarci sulle attività che risuonano più profondamente con i nostri valori e i nostri obiettivi, migliorando la qualità della nostra vita e il nostro benessere complessivo. Questo approccio minimalista non solo aumenta la nostra produttività in senso convenzionale, ma arricchisce anche la nostra esperienza di vita con maggiore significato, soddisfazione e serenità.

8.5 Gestire lo stress con semplicità

Nel contesto del Minimalismo Zen, il punto 8.5 del libro "Minimalismo Zen: la via della semplicità e della serenità" si focalizza su come gestire lo stress attraverso la semplicità. Questo approccio ci incoraggia a riconsiderare le nostre reazioni abituali allo stress e a cercare soluzioni che non solo alleviano la tensione temporaneamente, ma che promuovono anche un benessere duraturo e una maggiore armonia nella nostra vita. Esaminiamo come la pratica della semplicità possa trasformare la nostra esperienza dello stress, portando a una maggiore pace interiore e resilienza.

Riconoscimento e Accettazione

Il primo passo per gestire efficacemente lo stress con semplicità è riconoscerlo senza giudizio. Accettare la presenza dello stress come parte della condizione umana, piuttosto che lottare contro di esso, ci permette di affrontarlo con maggiore equanimità. Questa accettazione non significa rassegnazione, ma apre la strada a un'azione consapevole e intenzionale.

Semplificare le Fonti di Stress

Spesso, lo stress deriva da un sovraccarico di impegni, aspettative e stimoli. Prendersi il tempo per valutare le fonti di stress nella nostra vita e chiedersi quali possano essere semplificate, ridotte o eliminate può portare a una significativa riduzione della tensione. Ciò può includere delegare compiti, dire no a impegni non essenziali o ridurre il consumo di media che alimentano ansietà e preoccupazione.

Ritornare alle Basi

Quando ci sentiamo sopraffatti, ritornare alle basi può offrire un grande sollievo. Questo può significare dedicare tempo a bisogni fondamentali spesso trascurati sotto stress, come il sonno, l'alimentazione sana, l'esercizio fisico e le connessioni umane significative. Spesso, queste semplici pratiche possono essere i più potenti antidoti allo stress.

Pratiche Mindfulness Quotidiane

Integrare la mindfulness nelle attività quotidiane ci aiuta a distaccarci dal flusso costante di pensieri e preoccupazioni che possono alimentare lo stress. Ciò può includere pratiche come la meditazione, la respirazione consapevole o semplicemente svolgere le attività quotidiane con piena attenzione. Questa presenza nel momento attuale riduce lo stress e promuove una maggiore pace interiore.

Creazione di Spazi di Calma

Fisicamente, organizzare spazi nella nostra casa o luogo di lavoro che promuovano la calma e il raccoglimento può avere un impatto significativo sul nostro benessere. Questo può significare decluttering degli spazi, creando angoli dedicati al riposo e alla meditazione, o semplicemente mantenendo un ambiente ordinato e visivamente tranquillo.

Connettersi con la Natura

La connessione con la natura è un potente antistress che riafferma la semplicità e la bellezza del mondo naturale. Trascorrere del tempo all'aperto, anche solo una breve passeggiata in un parco locale o qualche momento in giardino, può aiutare a ridurre lo stress e a ristabilire una connessione con ritmi più ampi della vita.

Pratica della Gratitudine

Infine, la pratica regolare della gratitudine ci aiuta a focaliz-zarci sugli aspetti positivi della nostra vita, riducendo l'impatto dello stress. Tenere un diario della gratitudine o semplicemente prendersi un momento ogni giorno per riflettere su ciò per cui siamo grati può trasformare la nostra prospettiva e migliorare il nostro benessere emotivo.

Attraverso l'applicazione di questi principi di gestione dello stress con semplicità, possiamo affrontare le sfide della vita con maggiore calma, resilienza e presenza, incarnando i valori profondi del Minimalismo Zen nella nostra risposta allo stress e nelle nostre pratiche quotidiane per il benessere.

CAPITOLO 9

Superare le Sfide del Minimalismo Zen

9.1 Affrontare la resistenza al cambiamento

Nel capitolo dedicato a "Superare le Sfide del Minimalismo Zen", il punto 9.1 si addentra nell'esplorazione di come affrontare la resistenza al cambiamento, un ostacolo comune nel percorso verso un'esistenza più minimalista e consapevole. La resistenza può presentarsi in molte forme, sia interne che esterne, e comprendere come navigarla è essenziale per abbracciare pienamente i principi del Minimalismo Zen. Vediamo come possiamo superare questa resistenza per realizzare trasformazioni significative nella nostra vita.

Riconoscimento della Resistenza

Il primo passo per superare la resistenza al cambiamento è riconoscerla. Spesso, la resistenza si manifesta come paura, procrastinazione, dubbi o disagio di fronte a nuovi modi di vivere e di pensare. Accettare che la resistenza fa parte del processo di cambiamento ci permette di affrontarla con maggiore consapevolezza e gentilezza verso noi stessi.

Comprensione delle Radici della Resistenza

Comprendere le radici della nostra resistenza è cruciale per superarla. Questo può richiedere una riflessione profonda sulle nostre convinzioni, valori e paure. Spesso, la resistenza nasce da credenze limitanti, dall'attaccamento a vecchi schemi o dalla paura dell'ignoto. Esplorare queste aree con onestà può rivelare intuizioni preziose per il superamento della resistenza.

Piccoli Passi e Celebrare i Successi

Affrontare la resistenza al cambiamento può sembrare scoraggiante se ci si concentra sull'intero percorso da percorrere. Invece, suddividere il processo in piccoli passi gestibili può rendere il cambiamento meno intimidatorio. Celebrare ogni piccolo successo lungo il cammino non solo rafforza la motivazione ma anche costruisce fiducia nelle proprie capacità di trasformazione.

Costruzione di un Supporto Comunitario

La resistenza al cambiamento può essere mitigata circondandosi di una comunità di supporto. Che si tratti di amici, familiari o gruppi che condividono obiettivi simili, avere un sistema di supporto fornisce incoraggiamento, consigli e una prospettiva diversa. Questa rete di supporto può essere particolarmente utile nei momenti di dubbio o di sfida.

Pratica della Mindfulness e Accettazione

La mindfulness gioca un ruolo chiave nel superare la resistenza. Essere presenti con le nostre esperienze, senza giudizio, ci permette di accettare i nostri sentimenti di resistenza senza esserne sopraffatti. Questa accettazione crea lo spazio per muoversi attraverso la resistenza con grazia, piuttosto che lottare contro di essa.

Focalizzazione sui Benefici a Lungo Termine

Mantenere una visione chiara dei benefici a lungo termine del cambiamento può aiutare a navigare attraverso la resistenza. Quando la fatica e il dubbio si presentano, ricordare perché abbiamo intrapreso questo cammino e quali benefici speriamo di realizzare può fornire il rinnovato senso di scopo necessario per continuare.

Adattabilità e Apertura al Cambiamento

Infine, superare la resistenza richiede un'apertura all'apprendimento e all'adattamento. Il percorso verso il Minimalismo Zen non è lineare e può richiedere aggiustamenti e ricalibrature lungo il cammino. Essere aperti al cambiamento, anche quando sfida le nostre convinzioni esistenti, è essenziale per la crescita personale e la trasformazione.

Affrontare e superare la resistenza al cambiamento è una parte fondamentale del viaggio verso una vita minimalista e consapevole. Accettando la resistenza come un compagno di viaggio, piuttosto che come un nemico da sconfiggere, possiamo navigare le sfide del cambiamento con maggiore facilità e grazia, abbracciando pienamente i principi e le pratiche del Minimalismo Zen nella nostra vita.

9.2 Gestire le aspettative di sé e degli altri

Nel contesto del Minimalismo Zen, il punto 9.2 del libro "Minimalismo Zen: la via della semplicità e della serenità" si concentra sulla gestione delle aspettative, sia personali che quelle imposte da altri. Questo aspetto è cruciale nel percorso verso un'esistenza più essenziale e intenzionale, poiché le aspettative non realistiche o incongruenti con i nostri valori possono generare stress e insoddisfazione. Esploriamo come possiamo navigare e bilanciare le aspettative per vivere in modo più autentico e allineato con i principi del Minimalismo Zen.

Introspezione e Allineamento dei Valori

Il primo passo nella gestione delle aspettative è un'attenta introspezione per comprendere i propri veri valori e desideri. Spesso, le aspettative che abbiamo su noi stessi sono influenzate da norme sociali, pressioni culturali o convinzioni familiari. Riconoscere e allineare le nostre aspettative personali con i nostri valori fondamentali ci permette di perseguire obiettivi che risuonano veramente con chi siamo, riducendo il conflitto interiore e aumentando la soddisfazione personale.

Comunicazione Chiara e Onesta

La gestione delle aspettative degli altri inizia con una comunicazione chiara e onesta. Esprimere apertamente i propri limiti, desideri e capacità può aiutare a prevenire malintesi e a stabilire relazioni più autentiche e rispettose. Questo dialogo onesto non solo facilita la comprensione reciproca ma promuove anche un ambiente in cui le aspettative possono essere discusse e negoziate in modo costruttivo.

Pratica del Rilascio e del Distacco

Il Minimalismo Zen insegna l'importanza del rilascio e del distacco, concetti che possono essere applicati anche alla gestione delle aspettative. Riconoscere che non possiamo controllare le opinioni o le aspettative altrui ci libera dal peso di cercare costantemente l'approvazione esterna. Imparare a distaccarsi dalle aspettative altrui, mantenendo la fiducia nei propri valori e nel proprio percorso, è fondamentale per vivere una vita autenticamente minimalista.

Stabilire Confini Sani

Stabilire confini sani è essenziale per gestire le aspettative, soprattutto quando queste provengono da fonti esterne come la famiglia, gli amici o il posto di lavoro. I confini ci aiutano a proteggere il nostro tempo, la nostra energia e il nostro benessere emotivo, permettendoci di dire no quando necessario e di impegnarci in attività e relazioni che rispettano i nostri valori e limiti personali.

Flessibilità e Adattabilità

Mentre è importante avere aspettative chiare e allineate con i nostri valori, è altrettanto cruciale mantenere una certa flessibilità. La vita è imprevedibile e le circostanze possono cambiare, richiedendo un adattamento delle nostre aspettative. Accogliere la flessibilità ci permette di navigare i cambiamenti con grazia, adeguando le nostre aspettative alla realtà in continua evoluzione.

Autocompassione e Pazienza

Infine, la gestione delle aspettative richiede autocompassione e pazienza. Essere troppo duri con noi stessi o con gli altri per non aver soddisfatto determinate aspettative può portare a frustrazione e scoraggiamento. Praticare l'autocompassione, riconoscendo che l'errore e l'imperfezione fanno parte del processo di crescita, ci aiuta a gestire le aspettative con gentilezza e a progredire nel nostro percorso con resilienza e ottimismo.

Navigando le aspettative con consapevolezza, comunicazione e autenticità, possiamo trovare un equilibrio che sostiene il nostro benessere e rispecchia i principi del Minimalismo Zen, permettendoci di vivere in modo più intenzionale e soddisfacente.

9.3 Superare gli ostacoli comuni nel percorso minimalista

Nel capitolo dedicato a "Superare le Sfide del Minimalismo Zen", il punto 9.3 affronta la questione di come superare gli ostacoli comuni che si presentano nel percorso verso una vita minimalista e zen. Questi ostacoli possono variare da difficoltà pratiche a sfide emotive o psicologiche, e il loro superamento è essenziale per abbracciare appieno i principi del minimalismo. Esploriamo strategie efficaci per affrontare e superare queste sfide, facilitando una transizione più armoniosa verso uno stile di vita più semplice e centrato.

Resistenza Interna e Dubbi

Uno degli ostacoli più significativi nel percorso minimalista è la resistenza interna, spesso alimentata da dubbi, paure e attaccamenti emotivi. Affrontare questi sentimenti richiede un processo di introspezione e accettazione. La pratica della meditazione e della mindfulness può aiutare a osservare questi stati emotivi senza giudizio, promuovendo una maggiore comprensione di sé e facilitando il rilascio di attaccamenti non necessari.

Pressioni Sociali e Aspettative Culturali

Le pressioni sociali e le aspettative culturali rappresentano un altro ostacolo comune, poiché la società spesso valuta il successo in termini di accumulo di beni e realizzazioni esteriori. Mantenere una forte connessione con i propri valori e obiettivi può aiutare a navigare in questo ambiente, sostenendo scelte di vita che riflettano i principi minimalisti nonostante le pressioni esterne. La costruzione di una comunità di supporto di persone con valori simili può offrire ulteriore incoraggiamento e comprensione.

Sfide Pratiche nel Decluttering

Il processo di decluttering, sia fisico che mentale, può presentare sfide pratiche, specialmente quando si tratta di oggetti con un forte attaccamento emotivo o di abitudini radicate. Approcciare il decluttering con gradualità, affrontando una zona o un'abitudine alla volta, può rendere il processo più gestibile. Celebrare i piccoli successi lungo il percorso può aumentare la motivazione e la fiducia nella capacità di vivere in modo più essenziale.

Mantenimento del Focus e della Motivazione

Mantenere il focus e la motivazione nel tempo è un'altra sfida comune. Stabilire obiettivi chiari, ricordare regolarmente i motivi per cui si è scelto il percorso minimalista e praticare la gratitudine per i benefici già ottenuti possono rafforzare la determinazione. Inoltre, la pratica regolare della mindfulness e della meditazione può aiutare a mantenere un senso di pace e scopo.

Equilibrio tra Minimalismo e Necessità della Vita Quotidiana

Trovare un equilibrio tra gli ideali minimalisti e le necessità pratiche della vita quotidiana, come il lavoro, le relazioni e le responsabilità familiari, può essere difficile. È importante riconoscere che il minimalismo non è una destinazione fissa, ma un percorso di continua adattabilità e apprendimento. Essere flessibili e adattare i principi minimalisti alle proprie circostanze uniche può aiutare a trovare un equilibrio sostenibile.

Affrontare il Ritorno a Vecchie Abitudini

Il ritorno a vecchie abitudini è un ostacolo comune, specialmente in momenti di stress o cambiamento. Riconoscere questo come parte del processo di crescita e non come un fallimento può aiutare a riprendere il percorso con rinnovata energia. La pratica della mindfulness può fornire la consapevolezza necessaria per identificare questi momenti e scegliere consapevolmente di ritornare alle pratiche minimaliste.

Superare questi ostacoli richiede tempo, pazienza e pratica. Adottando un approccio compassionevole e consapevole, possiamo navigare le sfide del percorso minimalista, apprendendo e crescendo attraverso ogni esperienza. Questo processo non solo ci avvicina agli ideali del Minimalismo Zen, ma arricchisce anche la nostra vita con maggiore chiarezza, serenità e presenza.

9.4 Riconnettersi con i propri valori fondamentali

Nel contesto del Minimalismo Zen, il punto 9.4 del libro "Minimalismo Zen: la via della semplicità e della serenità" si concentra sull'importanza di riconnettersi con i propri valori fondamentali come strategia per superare le sfide del minimalismo. Questo processo di riconnessione non solo fornisce una bussola interna per guidare le decisioni e le azioni, ma rafforza anche la resilienza di fronte agli ostacoli, allineando la nostra vita quotidiana con ciò che è più significativo per noi. Esaminiamo come questo processo di riconnessione possa essere facilitato e come possa trasformare il nostro percorso minimalista.

Introspezione e Riflessione Profonda

Il primo passo per riconnettersi con i propri valori fondamentali è dedicare tempo all'introspezione e alla riflessione profonda. Questo può includere pratiche come la meditazione, la scrittura riflessiva o il ritiro temporaneo dalle distrazioni quotidiane per creare spazio per l'auto esplorazione. Porsi domande come "Cosa mi rende veramente felice?" o "Cosa trovo più significativo nella vita?" può aiutare a chiarire i propri valori.

Analisi delle Attività e delle Abitudini Esistenti

Esaminare le proprie attività quotidiane e le abitudini alla luce dei valori riscoperti può rivelare aree di disallineamento. Questo processo di analisi consente di identificare dove potrebbero essere necessari cambiamenti o aggiustamenti per garantire che le azioni quotidiane riflettano e sostengano i valori fondamentali. Può anche rivelare abitudini o impegni che drenano energia senza offrire un vero valore, indicando aree per il decluttering fisico e mentale.

Stabilire Intenzioni Chiare

Sulla base della comprensione dei propri valori, stabilire intenzioni chiare per come si desidera vivere e operare nel mondo è un passo cruciale. Queste intenzioni fungeranno da guide per le decisioni future, assicurando che anche le piccole scelte quotidiane siano allineate con i valori più profondi. Le intenzioni possono riguardare vari aspetti della vita, dall'ambiente di lavoro e le relazioni personali, fino al consumo e allo stile di vita.

Creazione di Pratiche Quotidiane Allineate

Con i valori e le intenzioni ben definiti, il passo successivo è creare pratiche quotidiane che riflettano questi principi. Ciò potrebbe significare modificare la routine mattutina per includere tempo per la riflessione, rivedere le abitudini di consumo per assicurarsi che siano sostenibili e in linea con i valori etici, o anche ristrutturare le relazioni personali e professionali per nutrire connessioni più autentiche e significative.

Valutazione e Aggiustamento Regolare

Il percorso per vivere in linea con i propri valori fondamentali richiede una valutazione e un aggiustamento regolari. La vita cambia e i nostri valori possono evolversi; quindi, è importante ritagliarsi momenti regolari per riflettere sul grado di allineamento tra le nostre azioni e i nostri valori e per apportare le modifiche necessarie. Questa pratica continua di autovalutazione assicura che rimaniamo fedeli a noi stessi nel nostro viaggio minimalista.

Pratica della Pazienza e della Gentilezza con Sé Stessi

Infine, è fondamentale praticare la pazienza e la gentilezza con sé stessi durante questo processo. Riconnettersi con i propri valori e realizzare cambiamenti significativi nella propria vita è un percorso che richiede tempo, sforzo e dedizione. Accogliere questo processo con compassione, riconoscendo che ci saranno sfide e ostacoli lungo il cammino, è essenziale per mantenere la motivazione e la resilienza.

Riconnettersi con i propri valori fondamentali è un aspetto cruciale per navigare e superare le sfide del minimalismo. Questo processo di allineamento interiore non solo fornisce una base solida per il nostro percorso di crescita personale, ma arricchisce anche ogni aspetto della nostra vita, permettendoci di vivere con maggiore intenzionalità, significato e soddisfazione.

9.5 Mantenere la pratica Zen nel tempo

Nel contesto del Minimalismo Zen, il punto 9.5 del libro "Minimalismo Zen: la via della semplicità e della serenità" si concentra su come mantenere la pratica Zen nel tempo. Questa persistenza è fondamentale per trasformare le pratiche minimaliste e Zen da semplici azioni a componenti integrati di uno stile di vita. Mantenere la pratica Zen richiede dedizione, consapevolezza e strategie adattive per navigare le inevitabili fluttuazioni della vita. Vediamo come possiamo sostenere e approfondire la nostra pratica Zen nel corso del tempo, assicurando che continui a nutrire il nostro benessere e la nostra crescita personale.

Stabilire una Routine Quotidiana

La chiave per mantenere la pratica Zen nel tempo è incorporarla come parte integrante della routine quotidiana. Questo potrebbe significare dedicare tempo ogni giorno alla meditazione, agli esercizi di respirazione, o alla riflessione consapevole. La coerenza di queste pratiche quotidiane aiuta a radicarle profondamente nelle nostre vite, trasformandole in abitudini che sostengono il nostro benessere a lungo termine.

Creare uno Spazio Dedicato

Avere uno spazio fisico dedicato alla pratica Zen può rafforzarne la regolarità e la profondità. Che si tratti di un angolo di una stanza o di un intero spazio di meditazione, questo ambiente dedicato diventa un rifugio personale per la tranquillità e la riflessione. Uno spazio fisico che riflette la calma e la semplicità può facilitare l'immersione nelle pratiche Zen, rendendole più accessibili e invitanti.

Adattabilità e Flessibilità

La vita è in costante cambiamento, e la nostra pratica Zen deve essere sufficientemente flessibile per adattarsi a queste dinamiche. Ciò potrebbe significare modificare la durata o il tipo di pratica in base alle circostanze attuali, o trovare modi creativi per integrare la mindfulness nelle attività quotidiane quando il tempo dedicato alla pratica formale è limitato. Mantenere un approccio flessibile consente alla pratica Zen di rimanere rilevante e sostenibile nel tempo.

Coltivare una Comunità di Sostegno

Essere parte di una comunità di persone che condividono valori e pratiche simili può offrire un significativo sostegno nel mantenere la pratica Zen. Che si tratti di gruppi di meditazione locali, di comunità online o di amicizie basate su interessi comuni, la condivisione delle esperienze e degli apprendimenti può rafforzare la motivazione e fornire nuove prospettive per approfondire la pratica.

Educazione Continua e Crescita

La pratica Zen è un percorso di apprendimento e crescita continua. Esplorare nuovi insegnamenti, partecipare a ritiri o workshop, o leggere testi relativi al Minimalismo Zen possono fornire nuovi spunti e approfondimenti per arricchire la pratica. L'educazione continua mantiene viva la curiosità e l'impegno, promuovendo un approfondimento costante della nostra comprensione e pratica.

Riflessione e Valutazione Regolare

Infine, dedicare tempo regolarmente per riflettere sulla propria pratica Zen e valutarne l'impatto sulla vita è essenziale per mantenerla rilevante e significativa. Questa riflessione può aiutare a identificare aree di crescita, riaffermare l'impegno nei confronti delle pratiche e adeguare gli approcci per meglio allinearsi con i propri valori e obiettivi attuali.

Mantenere la pratica Zen nel tempo richiede impegno, ma il viaggio offre ricompense profonde, portando a una maggiore pace interiore, consapevolezza e benessere complessivo. Attraverso la routine, la flessibilità, il sostegno comunitario, l'apprendimento continuo e la riflessione regolare, possiamo sostenere e approfondire la nostra pratica Zen, permettendole di fiorire e arricchire ogni aspetto della nostra vita.

CAPITOLO 10

Il Viaggio Continua: Crescere con il Minimalismo Zen

10.1 Stabilire un impegno a lungo termine con il minimalismo

Nel contesto del Minimalismo Zen, il punto 10.1 del libro "Minimalismo Zen: la via della semplicità e della serenità" esplora come stabilire un impegno a lungo termine con il minimalismo possa trasformare non solo il nostro ambiente fisico, ma anche il nostro approccio alla vita, le relazioni e il benessere personale. Questo impegno non è un atto una tantum, ma un processo continuo di riflessione, adattamento e crescita. Vediamo come approfondire e mantenere questo impegno può portare a una vita più intenzionale, soddisfacente e in armonia con i nostri valori più profondi.

Riconoscimento del Minimalismo come Stile di Vita

Il primo passo per stabilire un impegno a lungo termine con il minimalismo è riconoscerlo come uno stile di vita piuttosto che come una semplice tendenza o una fase temporanea. Ciò implica comprendere il minimalismo come una filosofia che guida le decisioni quotidiane, dalle abitudini di consumo alle interazioni sociali, influenzando profondamente il nostro modo di vivere, pensare e relazionarci con il mondo.

Definizione di Obiettivi Personali e Valori

Stabilire obiettivi personali che riflettano i nostri valori fondamentali aiuta a dare un senso e una direzione al nostro impegno minimalista. Questi obiettivi possono variare dalla ricerca di una maggiore semplicità e intenzionalità nella vita quotidiana, al desiderio di ridurre l'impatto ambientale, migliorare il benessere personale o approfondire le relazioni significative. Avere chiari obiettivi e valori fornisce una bussola per guidare le nostre scelte e azioni.

Integrazione Nelle Routine Quotidiane

Per mantenere un impegno a lungo termine, il minimalismo deve essere integrato nelle routine quotidiane. Ciò potrebbe significare adottare pratiche come il decluttering regolare, la mindfulness, la riflessione giornaliera e la gratitudine. Queste pratiche aiutano a mantenere viva la filosofia minimalista nella nostra vita di tutti i giorni, rendendola una componente intrinseca del nostro essere.

Sfide e Adattamenti

Riconoscere che il percorso minimalista comporterà sfide e richiederà adattamenti è fondamentale per un impegno a lungo termine. Che si tratti di resistenza da parte di amici o familiari, di tentazioni di consumismo o di difficoltà nel lasciar andare oggetti o abitudini, affrontare queste sfide con resilienza e flessibilità ci permette di crescere e apprendere dal nostro percorso.

Comunità e Condivisione

Costruire o far parte di una comunità di individui con valori simili può rafforzare e sostenere il nostro impegno minimalista. Condividere esperienze, sfide e successi con altri offre sostegno, ispirazione e nuove prospettive, rendendo il viaggio minimalista meno isolato e più arricchente.

Riflessione e Rivalutazione Continua

Un impegno a lungo termine con il minimalismo richiede una continua riflessione e rivalutazione delle nostre pratiche, obiettivi e valori. La vita cambia, e ciò che era importante per noi in un dato momento può evolvere. Dedicare tempo regolarmente per riflettere sul nostro percorso minimalista, celebrare i progressi e ricalibrare le nostre azioni in base alle nostre attuali priorità e valori è essenziale per mantenere l'impegno fresco e significativo.

Vivere con Intenzionalità

Infine, vivere con intenzionalità è la chiave per un impegno a lungo termine con il minimalismo. Ciò significa fare scelte consapevoli che riflettano i nostri valori fondamentali, perseguire attivamente la crescita personale e contribuire in modo significativo al mondo intorno a noi. Questa intenzionalità trasforma il minimalismo da semplice concetto a modo di vivere profondamente radicato.

Attraverso questi passaggi, possiamo stabilire e mantenere un impegno a lungo termine con il minimalismo, permettendoci di vivere una vita più ricca, più semplice e più in linea con ciò che veramente apprezziamo e desideriamo.

10.2 Continuare ad apprendere e adattarsi

Nel contesto del Minimalismo Zen, il punto 10.2 del libro "Minimalismo Zen: la via della semplicità e della serenità" esplora l'importanza di continuare ad apprendere e adattarsi come elementi fondamentali per mantenere e approfondire il proprio impegno minimalista nel tempo. Questo processo di apprendimento e adattamento costante non solo ci permette di rimanere allineati con i nostri valori fondamentali, ma ci apre anche a nuove prospettive e modi di vivere che possono arricchire la nostra esperienza di vita. Esaminiamo come possiamo abbracciare questo approccio dinamico per sostenere e far evolvere la nostra pratica minimalista.

Mantenere una Mentalità Aperta

La base per continuare ad apprendere e adattarsi è

mantenere una mentalità aperta. Essere aperti a nuove idee, esperienze e modi di pensare ci permette di esplorare aspetti del minimalismo che potrebbero non essere stati inizialmente evidenti. Questa apertura mentale favorisce la curiosità e la crescita personale, elementi cruciali per un percorso minimalista evolutivo.

Esplorazione e Educazione Continua

L'impegno in un'educazione continua, sia formale che informale, è essenziale per approfondire la nostra comprensione e pratica del minimalismo. Ciò può includere la lettura di libri, la partecipazione a workshop o seminari, l'ascolto di podcast o la partecipazione a gruppi di discussione online su temi legati al minimalismo e alla mindfulness. Ogni nuova informazione o prospettiva può servire come fonte di ispirazione e riflessione.

Riflessione Personale e Diario

Dedicare tempo alla riflessione personale, magari attraverso la tenuta di un diario, consente di elaborare le lezioni apprese e di considerare come possono essere integrate nella propria vita. Questa pratica di riflessione può aiutare a identificare aree di crescita personale, sfide da superare e successi da celebrare, mantenendo viva la connessione con il percorso minimalista intrapreso.

Adattamento alle Fasi della Vita

Riconoscere che la vita è in costante evoluzione e che le

nostre esigenze e circostanze cambieranno nel tempo è fondamentale per mantenere una pratica minimalista rilevante e sostenibile. Essere disposti ad adattare le proprie pratiche minimaliste alle diverse fasi della vita assicura che rimangano allineate con i nostri valori attuali e le nostre priorità, anche quando queste cambiano.

Sperimentazione e Apertura al Cambiamento

Sperimentare con nuove pratiche, abitudini o modi di organizzare lo spazio e il tempo può rivelare approcci minimalisti che risuonano particolarmente in determinati periodi della nostra vita. Essere aperti a cambiare e a lasciar andare ciò che non serve più permette alla pratica minimalista di rimanere fresca, dinamica e personalmente significativa.

Costruire una Comunità di Supporto

Circondarsi di una comunità di persone che condividono interessi simili o che percorrono un cammino minimalista può fornire un prezioso supporto, incoraggiamento e nuove idee. Queste connessioni possono offrire diverse prospettive e strategie per affrontare le sfide, arricchendo la nostra esperienza minimalista con la saggezza collettiva.

Bilanciare Tradizione e Innovazione

Infine, equilibrare la fedeltà alle tradizioni del Minimalismo Zen con la volontà di esplorare nuove interpretazioni e applicazioni del minimalismo nella vita moderna può portare a una pratica più ricca e multiforme. Rispettare le radici del minimalismo, pur essendo aperti a innovare e personalizzare la pratica, consente di mantenere un legame con il passato pur vivendo pienamente nel presente.

Continuare ad apprendere e adattarsi è un processo dinamico che mantiene il minimalismo rilevante e vibrante nella nostra vita. Abbracciando la curiosità, la riflessione e l'apertura al cambiamento, possiamo far evolvere la nostra pratica minimalista in modo che continui a sostenere e arricchire il nostro viaggio di crescita personale e spirituale.

10.3 Costruire una comunità di menti minimaliste

Nel contesto del Minimalismo Zen, il punto 10.3 del libro "Minimalismo Zen: la via della semplicità e della serenità" si concentra sulla costruzione di una comunità di menti minimaliste. Questo aspetto è fondamentale per sostenere e arricchire il nostro viaggio minimalista, offrendo un senso di appartenenza, condivisione di esperienze, sostegno reciproco e ispirazione continua. Creare e coltivare una comunità di simili può amplificare gli effetti positivi del minimalismo nella nostra vita e in quella degli altri. Esaminiamo come possiamo costruire e contribuire a una comunità di menti minimaliste per promuovere una vita più intenzionale e connessa.

Identificare e Connettersi con Simili

Il primo passo per costruire una comunità minimalista è identificare individui con interessi e valori simili. Questo può avvenire attraverso forum online, gruppi sui social media, incontri locali, workshop, conferenze o ritiri focalizzati sul minimalismo e sulla mindfulness. Connettersi con altri che condividono un interesse per uno stile di vita semplificato può fornire un terreno comune su cui costruire relazioni significative.

Partecipazione Attiva e Condivisione

La partecipazione attiva è cruciale per costruire e mantenere una comunità. Ciò può includere la condivisione delle proprie esperienze, sfide e successi, così come l'ascolto e il sostegno alle esperienze degli altri. La condivisione autentica promuove la comprensione reciproca e rafforza i legami all'interno della comunità, creando uno spazio sicuro per la crescita personale e collettiva.

Creazione di Spazi di Incontro

Organizzare o partecipare a eventi regolari, sia online che di persona, può offrire opportunità costanti per la comunità di riunirsi, condividere pratiche, apprendere insieme e sostenersi a vicenda. Questi incontri possono variare da sessioni di meditazione di gruppo a discussioni su libri minimalisti, da workshop su pratiche di decluttering a ritiri di mindfulness, fornendo vari modi per coinvolgere e arricchire la comunità.

Collaborazione e Progetti Comuni

Lavorare insieme su progetti o iniziative che riflettano i valori minimalisti può rafforzare il senso di scopo e connessione all'interno della comunità. Questi progetti possono variare da iniziative di volontariato a campagne di sensibilizzazione, da gruppi di studio a progetti creativi, offrendo ciascuno un modo per mettere in pratica i principi minimalisti e fare la differenza nel mondo più ampio.

Sostegno e Empatia

Fornire sostegno e mostrare empatia sono fondamentali per una comunità resiliente e solidale. Riconoscere e accogliere la diversità di esperienze e percorsi all'interno del minimalismo arricchisce la comunità, offrendo una gamma più ampia di prospettive e soluzioni alle sfide comuni. Il sostegno reciproco nei momenti di difficoltà rafforza i legami comunitari e promuove la resilienza collettiva.

Crescita e Evoluzione della Comunità

Infine, è importante riconoscere e accogliere la crescita e l'evoluzione della comunità minimalista. Man mano che nuovi membri si uniscono e le idee si espandono, la comunità può adattarsi e trasformarsi. Essere aperti a questa evoluzione mantiene la comunità vivace e rilevante, permettendole di prosperare e di continuare a offrire valore ai suoi membri.

Costruire una comunità di menti minimaliste non solo arricchisce il nostro viaggio personale verso la semplicità, ma amplifica anche l'impatto del minimalismo, creando onde di cambiamento che possono influenzare positivamente le famiglie, le comunità e, potenzialmente, la società nel suo insieme. Attraverso la condivisione, la collaborazione e il sostegno reciproco, possiamo coltivare una comunità che riflette i valori più profondi del Minimalismo Zen e promuove un modo di vivere più intenzionale e connesso.

10.4 Riflessioni finali e consigli per approfondire la pratica

Nel contesto del Minimalismo Zen, il punto 10.4 del libro "Minimalismo Zen: la via della semplicità e della serenità" offre riflessioni finali e consigli pratici per coloro che desiderano approfondire la loro pratica minimalista e integrarla più profondamente nella vita quotidiana. Questa sezione mira a consolidare gli insegnamenti del libro, offrendo una guida per continuare il viaggio verso una vita più intenzionale, semplice e in armonia con i principi Zen. Esaminiamo come possiamo trasformare queste riflessioni in azioni concrete per arricchire la nostra esperienza di vita e promuovere il benessere personale e collettivo.

Pratica Costante e Riflessione

Il cuore di una pratica minimalista approfondita è la costanza e la riflessione. Dedicare tempo ogni giorno alla meditazione, alla mindfulness e alla riflessione personale aiuta a mantenere la pratica radicata e vivace. La costanza nella pratica ci permette di affrontare le sfide quotidiane con maggiore equanimità e consapevolezza, mentre la riflessione ci offre la possibilità di esaminare i nostri progressi e adattare la nostra pratica alle esigenze in evoluzione.

Semplicità nelle Relazioni e nelle Interazioni

Estendere i principi del minimalismo alle nostre relazioni significa cercare semplicità e autenticità nelle interazioni con gli altri. Ciò implica coltivare relazioni significative basate sulla sincerità, l'ascolto attivo e la presenza. Approfondire la pratica minimalista nelle relazioni può portare a connessioni più profonde e soddisfacenti, arricchendo la nostra esperienza sociale e spirituale.

Decluttering come Pratica Continua

Il decluttering fisico e mentale dovrebbe essere visto come un processo continuo piuttosto che un'attività una tantum. Periodicamente riesaminare il nostro ambiente fisico e il nostro spazio interiore per liberarci di ciò che non serve più sostiene una pratica minimalista vivente e respirante. Questo processo di liberazione continua ci aiuta a mantenere la chiarezza, la pace e lo spazio per ciò che è veramente importante.

Integrazione del Minimalismo nelle Decisioni Quotidiane

Portare la consapevolezza minimalista nelle decisioni quotidiane, dalle scelte di consumo alla gestione del tempo, rafforza l'impegno nei confronti di uno stile di vita semplificato. Questo richiede di interrogarsi regolarmente sul valore reale e sull'impatto delle nostre azioni e scelte, assicurandosi che siano allineate con i nostri valori fondamentali e contribuiscano al nostro benessere e a quello della comunità più ampia.

Coltivare la Gratitudine e l'Apprezzamento

La gratitudine è un pilastro fondamentale del Minimalismo Zen, promuovendo un senso di abbondanza e apprezzamento per ciò che abbiamo. Praticare quotidianamente la gratitudine, magari attraverso un diario o momenti di riflessione, può trasformare la nostra percezione della vita, spostando l'attenzione dalle mancanze alle benedizioni, e contribuendo a una sensazione di pienezza e contentezza.

Impegno verso la Crescita e il Contributo

Infine, approfondire la pratica minimalista richiede un impegno verso la crescita personale e il contributo al benessere degli altri. Esplorare come possiamo usare le nostre risorse, tempo e talenti per fare la differenza, riflette il vero spirito del Minimalismo Zen, che cerca non solo la semplificazione della propria vita, ma anche l'arricchimento della vita altrui.

Attraverso queste riflessioni finali e consigli pratici, il libro "Minimalismo Zen: la via della semplicità e della serenità" mira a fornire ai lettori gli strumenti e l'ispirazione per continuare il loro viaggio minimalista con rinnovata passione e scopo. Mantenendo viva la pratica attraverso azioni quotidiane, riflessioni e un impegno costante verso la crescita, possiamo aspirare a una vita che rifletta pienamente i principi di semplicità, consapevolezza e armonia caratteristici del Minimalismo Zen.

10.5 Invito all'azione: passi successivi nel proprio viaggio Zen

Nel contesto del Minimalismo Zen, il punto 10.5 del libro "Minimalismo Zen: la via della semplicità e della serenità" funge da catalizzatore per i lettori, incoraggiandoli a prendere passi concreti verso l'approfondimento della loro pratica minimalista e l'integrazione dei suoi principi nella vita quotidiana. Questo invito all'azione non è solo un riassunto delle lezioni apprese, ma una chiamata a vivere con maggiore intenzionalità, presenza e semplicità. Esploriamo come possiamo trasformare queste idee in azioni pratiche per arricchire il nostro percorso minimalista e promuovere un cambiamento positivo nella nostra vita e nella comunità.

Valutazione Personale e Piani d'Azione

Iniziare con una valutazione personale delle aree della propria vita che potrebbero beneficiare maggiormente di un approccio minimalista. Questo potrebbe riguardare il decluttering fisico, il bilanciamento del tempo, la gestione dello stress o le relazioni interpersonali. Sulla base di questa valutazione, stabilire piani d'azione specifici, con obiettivi realistici e scadenze, per apportare modifiche concrete e misurabili.

Impegno Quotidiano alla Pratica

Sviluppare una pratica quotidiana che rifletta i principi del Minimalismo Zen, come la meditazione, la mindfulness durante le attività quotidiane, o la riflessione serale. Queste pratiche aiutano a mantenere una connessione costante con il momento presente e con i valori personali, servendo come fondamento per tutte le altre azioni e decisioni.

Creazione di Spazi che Ispirano

Rivedere l'ambiente abitativo e lavorativo per assicurarsi che riflettano la semplicità e la serenità del Minimalismo Zen. Questo può significare ridurre il disordine, organizzare lo spazio in modo più funzionale e introdurre elementi che promuovano la calma e il benessere, come piante, arte semplice o spazi dedicati alla meditazione e alla riflessione.

Cultura della Condivisione e del Supporto

Cercare e coltivare una comunità di menti minimaliste, sia online che offline, per condividere esperienze, sfide e successi. Offrire e cercare supporto all'interno di questa comunità può rafforzare l'impegno personale e offrire nuove prospettive e strategie per affrontare gli ostacoli comuni nel percorso minimalista.

Educazione Continua e Sperimentazione

Rimanere impegnati in un processo di apprendimento continuo, esplorando nuove risorse, partecipando a workshop o ritiri e sperimentando con diverse pratiche Zen e minimaliste. Questa apertura all'apprendimento e alla sperimentazione favorisce la crescita personale e mantiene viva la pratica minimalista.

Contributo Positivo

Riflettere su come le proprie azioni e scelte minimaliste possano contribuire positivamente alla vita degli altri e all'ambiente. Ciò potrebbe significare adottare pratiche di consumo consapevole, partecipare a iniziative di volontariato o semplicemente portare la presenza e la gentilezza nelle interazioni quotidiane.

Riflessione e Rivalutazione Regolari

Infine, impegnarsi in una riflessione e rivalutazione regolari del proprio percorso minimalista. Questo processo di autovalutazione aiuta a mantenere l'allineamento con i valori fondamentali, a riconoscere la crescita e i progressi compiuti e a identificare le aree che richiedono ulteriore attenzione o adattamento.

Questo invito all'azione serve come ponte tra la teoria e la pratica del Minimalismo Zen, incoraggiando i lettori a prendere passi concreti per realizzare i principi minimalisti nella loro vita. Attraverso un impegno quotidiano, una comunità di supporto, un'educazione continua e una riflessione regolare, possiamo approfondire la nostra pratica minimalista, arricchendo la nostra vita e influenzando positivamente il mondo intorno a noi.

Se pensi che questo libro ti sia piaciuto e ti abbia aiutato ti chiedo solo di dedicare pochi secondi a lasciare una breve recensione su Amazon!

Possa ogni pagina che hai voltato risvegliare una scintilla di gioia nel tuo cuore, illuminando il cammino verso una vita ricca di semplicità, pace e felicità autentica.

Grazie

Sakura Verdi

www.ingramcontent.com/pod-product-compliance
Lightning Source LLC
Chambersburg PA
CBHW070912290526
45795CB00001B/289